园区建筑运行
能源柔性管理策略

深圳市建筑工务署教育工程管理中心　　组　编
浙江江南工程管理股份有限公司

王　鑫　程宝龙　主　编
彭明阳　吴　俊　副主编

U0190901

重庆大学出版社

内容提要

面临园区的能源资源消耗高、生态环境风险高等复合型挑战，为缓解建筑运行用能负荷不平衡及高峰负荷激增问题，本书对大型园区建筑空调系统的柔性用能调控进行了分析和研究。本书主要介绍能源背景和大型园区背景，归纳现有园区特征与经济政策，统计以深圳某国家重点实验室园区为例的详细信息，通过 EnergyPlus 及 OpenStudio 平台对运行能耗占比较高的建筑空调系统进行柔性用能策略模拟，分析不同气候条件下不同城市不同建筑类型的四类柔性调控策略的柔性调控潜力，总结出大型园区空调系统柔性调节管理方法。

图书在版编目 (CIP) 数据

园区建筑运行能源柔性管理策略 / 王鑫，
程宝龙主编. --重庆：重庆大学出版社，2024.3. --
ISBN 978-7-5689-4515-8

Ⅰ. TU83

中国国家版本馆 CIP 数据核字第 2024HD8858 号

园区建筑运行能源柔性管理策略
YUANQU JIANZHU YUNXING NENGYUAN ROUXING GUANLI CELÜE

深圳市建筑工务署教育工程管理中心　　组　编
浙江江南工程管理股份有限公司
王　鑫　程宝龙　主编
彭明阳　吴　俊　副主编
责任编辑：张　婷　　版式设计：张　婷
责任校对：谢　芳　　责任印制：赵　晟

*

重庆大学出版社出版发行
出版人：陈晓阳
社址：重庆市沙坪坝区大学城西路 21 号
邮编：401331
电话：(023)88617190　88617185(中小学)
传真：(023)88617186　88617166
网址：http://www.cqup.com.cn
邮箱：fxk@cqup.com.cn(营销中心)
全国新华书店经销
重庆升光电力印务有限公司印刷

*

开本：720mm×1020mm　1/16　印张：10.5　字数：207 千
2024 年 3 月第 1 版　　2024 年 3 月第 1 次印刷
ISBN 978-7-5689-4515-8　定价：49.00 元

前　言

　　园区作为国民经济发展的重要载体,不仅推动地区经济发展,还是实施区域发展战略、促进科技创新和发展高新技术产业的主要阵地。大型园区是资源、能源消耗与碳排放高度集中的地方,约70%的工业用能集中在园区。其中,煤炭仍然是主要能源,而清洁能源利用相对不足,导致能源结构不够多样化。园区面临能源资源消耗高、生态环境风险高等复合型挑战。高能耗产业分布、能源结构单一和能源利用效率低是主要问题。随着"碳达峰""碳中和"目标的提出,园区降碳已成为国家节能降碳政策的关注重点。政府出台了相关政策和措施,要求园区进行节能降碳工程,推动能源系统优化,打造一批节能低碳园区。"光储直柔"技术的提出表明园区开始采用新能源技术,包括分布式光伏、分布式储电、直流配电和柔性用电等,以全面优化能源供给侧、传输侧、储能侧和用能侧。因此,本书旨在通过深圳某国家重点实验室园区建筑柔性用能调控研究,以实现"碳达峰""碳中和"目标,促使园区可持续发展。

　　《国务院关于印发2030年前碳达峰行动方案的通知》中"城乡建设碳达峰行动"部分明确指出:"提高建筑终端电气化水平,建设集光伏发电、储能、直流配电、柔性用电于一体的'光储直柔'建筑。""光储直柔"技术可分解为光、储、直、柔四项新技术。"光"代表在建筑中建立分布式光伏。"储"代表分布式储电,减少光伏产生的电能逆变上网、建筑再从电网上用电这一过程。"直"代表建筑不再使用交流配电网,而是使用直流配电系统,避免交直流转换带来的不必要损耗。"柔"代表柔性用电,即建筑用电设备具有可中断、可调节的能力,可以实现需求侧用能的调控,避免"峰谷"的出现。"光储直柔"技术利用及"源网荷储"理念从建筑供能侧、传输侧、储能侧和用能侧进行全面优化。其中,供能侧可提高可再生能源用能比例,全面就地消纳光伏能源,做到低碳、零碳供给;传输侧采用直流配电,使系统效率得到很大提升,可省去较多整流(交流/直流)与逆变(直流/交流)等电力电子变换设备,用户的安全性与使用便捷性也能得到很大提升,电气系统控制也会更加简单,母线电压允许更大范围的波动,实现供电可靠性的解耦;储能侧更容易在未来助力电动车实现能量的双向流动,不仅能满足充电的需求,更能

1

实现放电短暂供给;用能侧通过负荷与光伏、储能的动态匹配更容易实现与电网的柔性交互。

对于不同园区,需要着重考虑对园区内办公、商业等公共建筑的能耗及其柔性调控潜力进行评估。在现有建筑能耗及其柔性调控研究中,主要有两种方法:①通过数据驱动及深度学习的方式,对公共建筑能耗进行预测并对不同的调控动作进行分析,进一步地分析公共建筑的柔性调控潜力,但其可解释性及泛化能力较差;②通过建筑能耗模拟软件,输入公共建筑基础参数及运行参数,进而分析公共建筑实际能耗及其柔性调控潜力,具有较高的可解释性且方法的泛化性较好。故本书主要采用建筑能耗模拟平台机器方法进行研究。

全书共 7 章,包括:

第 1 章 能源与大型园区背景,内容包括能源与大型园区管理现状和中国各城市园区政策。

第 2 章 园区特征与经济政策,主要详细介绍了我国现有园区特征与各地经济政策。

第 3 章 深圳某国家重点实验室园区概况,主要统计了现阶段该国家重点实验室园区的性质、位置、气候和建筑信息。

第 4 章 柔性用能分析,基于不同建筑类型、气候条件和所在城市,采用能耗模拟方法,对不同柔性用能调节方法进行比较和分析。

第 5 章 园区建筑能源应用技术,包括建筑围护结构、热泵及可再生能源应用技术等。

第 6 章 园区建筑能源调节技术,主要从调控技术、区域规划调节及具体的空调系统末端调控方面详细介绍柔性调控技术与管理。

第 7 章 结语。

希望能源管理专业人士、建筑工程师和设计师、园区管理者、政策制定者和研究学者,以及相关专业学生能够通过阅读本书,了解大型园区的能源管理现状,掌握柔性用能技术及其在园区应用,增加对园区柔性调控分析和评估的能力,学习柔性调节管理方法,为园区实现可持续发展提供实用建议。

编 者
2024 年 1 月 1 日

目　录

第1章
能源与大型园区背景

1.1 能源与大型园区管理现状

1.1.1 建筑用能与"双碳"目标

2020 年 9 月 22 日,国家主席习近平在第七十五届联合国大会一般性辩论上宣布:"中国将提高国家自主贡献力度,采取更加有力的政策和措施,二氧化碳排放力争于 2030 年前达到峰值,努力争取 2060 年前实现碳中和。"2020 年我国作出"双碳"承诺,建筑行业迈入"碳中和"时代,逐步向零能耗、零碳建筑发展。2022 年 3 月住房和城乡建设部印发《"十四五"建筑节能与绿色建筑发展规划》,提出"到 2025 年,完成既有建筑节能改造面积 3.5 亿平方米以上,建设超低能耗、近零能耗建筑 0.5 亿平方米以上"。

《中国建筑能耗研究报告(2020)》显示:2018 年全国建筑全过程能耗总量为 21.47 亿 tce(吨标准煤当量),占全国能源消费总量比重为 46.5%;全国建筑全过程碳排放总量为 49.3 亿吨 CO_2,占全国碳排放的比重为 51.3%。其中,建筑施工阶段能耗 0.47 亿 tce,占全国能源消费总量的比重为 2.2%;建筑运行阶段能耗 10 亿 tce,占全国能源消费总量的比重为 21.7%。建筑施工阶段排放 1 亿吨 CO_2,占全国碳排放的比重为 1%;建筑运行阶段排放 21.1 亿吨 CO_2,占全国碳排放的比重为 21.9%。

作为碳排放大户,建筑业一直存在资源消耗大、污染排放高等问题。根据国务院发展研究中心发布的《2050年中国能源碳排放报告》,当前建筑领域用能占国家总耗能比例已超过20%,仅次于工业和交通业。而且,从2009年到2018年,建筑领域的碳排放增加了57%。根据模型预测,在2050年基本碳中和的目标下,建筑总能耗需要减少到当前的三分之一。

建筑行业的高能耗和高碳排放意味着建筑行业有极大的节能减碳潜力,面对较大的碳减排压力,建筑领域应寻求节能环保的绿色低碳发展道路,助力"双碳"目标的实现。零能耗建筑由此诞生并迅速成为建筑发展最新趋势。以我国现有建筑能耗和碳排放为计算标准,碳达峰时间为2040年,碳排放27.01亿吨,2060年,碳排放14.99亿吨,无法实现碳中和;引入实现零能耗建筑的碳排放模型,碳达峰时间为2025年,碳排放23.15亿吨,2060年碳排放4.21亿吨,比基准情况下降72%。因此,发展零能耗建筑是解决建筑行业的高能耗、高碳排放问题的有效手段。除此之外,建筑中还有许多节能减碳的策略,如大力推广绿色建筑、超低能耗建筑、"光储直柔"建筑等。

1.1.2 大型园区用能现状

园区根据主要建筑类型和功能分为生产制造型园区、物流仓储型园区、商办型园区及综合型园区等,根据主导产业分为软件园区、物流园区、文化创意产业园区、高新技术产业园区、影视产业园区、化工产业园区、医疗产业园区和动漫产业园区等。

园区是我国国民经济发展的重要载体,也是带动地区经济发展和实施区域发展战略、促进科技创新和发展高新技术产业的主要阵地。经过40多年的发展,我国园区形成了丰富多样且完整的现代工业体系,但也面临能源资源消耗高、生态环境风险高等复合型挑战。

园区作为带动区域经济发展和实现区域战略的重要平台,是产业的聚集地,同时也是能源消耗与碳排放高度集中的场所。近年来,虽然在节能减排和生态环保要求下,各地纷纷调整产业结构,逐步淘汰高耗能、高污染的落后产能,但化工、电解铝等高能耗产业依然主要分布在园区,很多开发区的产业结构仍然偏重,用能需求也较大。据统计,我国近70%的工业用能集中在园区。同时,园区能源结构依然以煤炭为主,以煤为原料的机组装机容量占比高达87%,天然气、新能源等应用不足。尤其是在水电资源不丰富的西部地区,煤炭依然是主要能源,清洁能源消费占比较低。此外,部分园区对余热余压等能源利用重视不够,能量得不到充分利用,导致园区能源利用效率偏低。

有研究表示,以2014年为基准年,园区在役的能源基础设施装机容量达515GW,占全国该年发电总装机容量的38%,这些设施的温室气体排放量占到全国的 21%，其中 SO_x 排放占 12%，NO_x 排放占 15%；新鲜水消耗为全国工业新鲜水用量的 5%。工业园区是能源集中消耗的大户，现有工业园区温室气体排放约占全国的 31%[1]。

园区降碳已成为我国节能降碳政策关注的重点。2021 年 10 月国务院发布《2030 年前碳达峰行动方案》，要求：实施园区节能降碳工程，以高耗能高排放项目集聚度高的园区为重点，推动能源系统优化和梯级利用，打造一批达到国际先进水平的节能低碳园区。该方案还要求：选择 100 个具有典型代表性的城市和园区开展碳达峰试点建设，在政策、资金、技术等方面对试点城市和园区给予支持。2021 年 12 月国务院发布《"十四五"节能减排综合工作方案》，把园区节能环保提升工程列为节能减排重点工程。国家能源局发布《2022 年能源工作指导意见》，明确要加快能源系统数字化升级，推动分布式能源、微电网、多能互补等智慧能源与智慧城市、园区协同发展；适应数字化、自动化、网络化能源基础设施发展，建设智能调度体系，实现源网荷互动、多能协同互补及用能需求智能调控。可以说，实现园区节能降碳，是实现碳达峰碳中和目标的重中之重[2]。

1.1.3　现有能源管理方法与现状

2021 年 2 月《国务院关于加快建立健全绿色低碳循环发展经济体系的指导意见》中提出：到 2025 年，产业结构、能源结构、运输结构明显优化，绿色产业比重显著提升，基础设施绿色化水平不断提高，清洁生产水平持续提高，生产生活方式绿色转型成效显著，能源资源配置更加合理、利用效率大幅提高，主要污染物排放总量持续减少，碳排放强度明显降低，生态环境持续改善，市场导向的绿色技术创新体系更加完善，法律法规政策体系更加有效，绿色低碳循环发展的生产体系、流通体系、消费体系初步形成。到 2035 年，绿色发展内生动力显著增强，绿色产业规模迈上新台阶，重点行业、重点产品能源资源利用效率达到国际先进水平，广泛形成绿色生产生活方式，碳排放达峰后稳中有降，生态环境根本好转，美丽中国建设目标基本实现。

随着时代的快速发展，能源成本费用呈上升趋势，能源成本在企业利润中占据较大比例。能耗成本不断上升，实现能耗管理最优化和能源成本最小化成为企业节本增效的重要任务。

传统化工企业在设备运行的能源数据采集中采用人工现场查看的方式对仪器仪表进行维护，对数据进行抄取、采集，然后进行数据汇总分析，建立数据库管理系统。这种操作方式极大地降低了数据采集效率，且不能满足大范围的数据采集需要和实时监测变化的需求，增加了现场采集工人的危险系数，而且使数据存在滞后现象,从而使得现场故障处理不及时。

中央政府在推动住房城乡建设领域公共建筑节能改造工作中,鼓励采取合同能源管理模式。中央财政同时安排了"合同能源管理财政奖励资金"予以专项支持:"中央财政奖励标准为 240 元/吨标准煤,省级财政奖励标准不低于 60 元/吨标准煤。"合同能源管理机制的载体是节能服务公司,是一种基于合同能源管理机制运作的以营利为直接目的的专业化公司。由于节能服务公司提供了专业化的服务,并承担了节能改造的初始成本和风险,有效地减少了投资浪费,所以较之业主自行投资的节能改造,合同能源管理模式的节能改造成功率更高。现有合同能源管理主要有三种类型,分别为节能效益分享型、节能保障型、能源费用托管型。目前节能效益分享型的合同能源管理模式较为普遍。

在建筑运营阶段的节能手段包括智能化控制节能与建筑能耗管理节能。智能化控制节能即通过智能化控制系统对建筑设备的运行进行优化控制并对建筑环境进行调节,以达到舒适、节能的目的。常见的控制节能手段有楼宇自控系统、智能照明系统等。而建筑能耗管理节能即通过建筑能源管理系统(Building Energy Management System,BEMS)对能源消耗进行准确测量和精确分析,并依据分析结果采取相应的管理措施和技术措施,从而达到节能的目的。管理节能本身不能使设备能耗降低,而是让运营者知道能耗的来源及处理方式。建筑能源管理系统的核心作用是通过对耗能设备的监测,对能耗数据统计和分析,找出低效率运转的设备和能耗异常的设备,优化运行策略,建立能源使用计划和系统节能改造方案,从而提高建筑物能源利用率和能源管理水平。

进入 21 世纪,建筑行业在全国迅猛发展,建筑能耗在全社会能源消费中的比例持续上升,特别是近些年来,随着大量新建智能建筑的出现,尤其是一些高档大型公共建筑的增多,我国建筑用能特别是智能建筑用能,更是呈现出突飞猛进的增长趋势。而与传统建筑相比,智能建筑有其独特的建筑运行模式和管理方法,其运行管理的核心是建筑自动化系统(Building Automation System,BAS),这也为建立建筑能源管理平台提供了更为便捷、有效及准确的技术基础。对于智能建筑而言,建筑能源管理需实现多项基本功能,包括能源消耗数据采集、图表化能源数据分析、能耗经济性分析和建筑物用户管理等。智能建筑能源管理平台可以最终实现网络通信、系统集成、能源分析的有机结合,实现能耗跟踪、故障诊断及节能方案的远程或就地控制。一般而言,建筑能源管理可以分为微观层面和宏观层面上的管理。在微观层面上,主要是通过对建筑物的日常运行维护和用户耗能的行为方式实施有效的管理,还有通过节能改造和能效改善实现节能。在宏观层面上,主要是政府主导政策和法规的制定,从而在建筑设计中贯彻节能标准,对建筑工程项目的节能进行审核、评估监管和验收等。从具体操作性和直观性上讲,微观层面的能源管理更加务实,也蕴藏着很大的节能潜力。

《国务院关于印发 2030 年前碳达峰行动方案的通知》中"城乡建设碳达峰行动"部分明确指出:"提高建筑终端电气化水平,建设集光伏发电、储能、直流配电、柔性用电于一体的'光储直柔'建筑"。"光储直柔"技术可分解为光、储、直、柔四项新技术。"光"即太阳能光伏技术:在建筑中建立分布式光伏发电系统。"储"即储能技术:分布式储电,可减少光伏产生的电能逆变上网,建筑再从电网上用电这一过程的出现。"直"即直流技术:建筑不再使用交流配电网,而是使用直流配电系统,避免交直流转换带来的不必要损耗。"柔"即柔性用电技术:建筑用电设备具有可中断可调节的能力,可以实现需求侧用能的调控,避免"峰谷"的出现。"光储直柔"技术利用"源网荷储"理念从建筑供能侧、传输侧、储能侧和用能侧进行全面优化。其中供能侧可提高可再生能源用能比例,全面就地消纳光伏能源,做到低碳、零碳供给;传输侧采用直流配电,系统效率得到很大提升,可省去较多整流(交流/直流,AC/DC)与逆变(直流/交流,DC/AC)等电力电子变换设备,用户的安全性与使用便捷性也能得到很大提升,电气系统控制也会更加简单,母线电压允许更大范围的波动,实现供电可靠性的解耦;储能侧更容易在未来助力电动车实现能量的双向流动,不仅满足充电的需求,更能实现放电短暂供给;用能侧通过负荷与光伏、储能的动态匹配更容易实现与电网的柔性交互[3](图 1.1)。

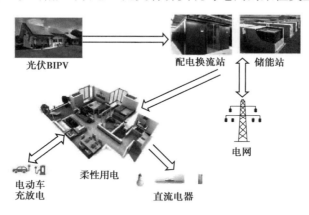

图 1.1　建筑光储直柔示意图

1.1.4　大型园区新型能源管理模式——智慧园区

现阶段园区能源使用呈现出五大特点:①园区以工业负荷为主,终端用能形式主要为电、热、气、冷等,生产端涉及煤、燃气、生物质等多种能源的加工、转化和供给,能源系统复杂;②园区发展阶段、产业结构各异,呈现出流程型、离散型、新兴研发型等不同用能特征,负荷需求具有多样性、时空异质性;③园区集聚大量企业,对冷、热、电等能源品种及气、水等载能公共产品的需求量大且集中,对供应可靠性、质量要求较高;④园区能源负荷特性复杂,对供能可靠性、稳定性要求苛刻,输配送系统的运行调度复杂,对清洁、高效、可靠、经济的综合能源供应服务需求强烈;⑤大部分园区内建有热电联产、热力厂、发电厂等能源基础设施。

随着中国经济的高速发展和全球化带来的机遇,能源消费总量不断增加,能源与环境问题已经成为制约我国经济和社会发展的重要因素。为应对能源、环境以及气候变化的挑战,发展低碳经济是实现经济可持续增长的必由之路,传统的节能管理方式和举措难以满足产业园区运营方节能管理的需求。借助信息技术工具,搭建园区智慧能源管理平台,已成为持续推进节能降耗和实现用能精细化管理的必然趋势,也是建设智慧园区的重要组成部分。

智慧园区的实现是多技术融合、多系统融合、多领域融合的综合性应用系统,更成熟的智慧园区需要具备包括完全可控的全面感知能力、各个子系统的互联互通能力、园区数据信息集中共享的整合能力、与内外部系统的协同与优化能力、基于主动学习和智能响应的智慧化运行能力在内的五个主要能力,这五个能力概括了智慧园区应用系统从具体到整体、从底层到顶层的主要特征。

智慧园区的成功实施,在很大程度上减少和节约园区中各种物质和能源的投入,减少资源和能源的消耗,减少环境污染,并使市场配置资源的效果进一步改善,劳动生产率进一步提高。这将推动园区内生产、生活、管理方式和经济发展观发生前所未有的深刻变化,走出一条科技含量高、经济效益好、资源消耗低、环境污染少、人力资源优势得到充分发挥的全新发展形态的经济发展道路。

与智慧园区相比,传统园区的发展是以生产要素为驱动的规模化扩张,忽略了对园区发展质量与效率的提高,而"智慧园区"则是以信息、知识和智力资源为支撑,强调均衡有效地提高园区运行和管理效率,跨越式提升园区发展的创新性、有序性和持续性。

未来,智慧园区的建设可带来的直接效应就是园区运转高效有序、产业经济充满活力、环境绿色节能、生产品质高效、社区生活尽在掌握。我们提出的智慧园区的愿景是以智慧园区建设构建完善可靠的信息基础设施和安全保障体系,为园区丰富的信息化应用奠定全方位基础:使信息资源得到有效利用,信息应用覆盖社会、经济环境、生活的各个层面;使智慧化的生产、生活方式得到全面普及,人人享受到信息化带来的成果和实惠。

1.1.5 大型园区能源管理的难点

大型园区能源管理是一个复杂而具有挑战性的任务,涉及多个方面的难点和考虑因素。下面将详细探讨这些难点,并解释为什么它们对大型园区能源管理的成功至关重要。

首先,大型园区通常涵盖了多种功能的建筑类型,如办公楼、工厂、仓库和商业设施等。每种建筑类型都具有不同的需求特征和建筑物理特性,这使得能源管理变得复杂。例如,办公楼可能需要提供稳定的温度和照明,而工厂则需要满足高能耗设备的能源需求。针对不同建筑类型的能源需求进行有效的管理,需要针对每个建筑类型开发不同的策略和解决方案,以确保能源的有效利用和分配。

其次,园区能源管理还涉及数据结构、误差精度和时间尺度等方面的多样性和相互关联性。能源管理需要收集和处理大量的数据,包括能源消耗数据、设备运行数据、天气数据等。这些数据具有不同的格式和结构,来自不同的系统和设备,因此需要建立适当的数据结构和信息交互平台,以便有效地获取、存储和分析这些数据。此外,由于数据的收集和处理存在一定的误差,需要确保误差精度在可接受范围内,以准确评估能源使用情况和效率。同时,能源管理还需要考虑时间尺度的问题,如小时、日、月和年度的能源需求和消耗变化,以便进行合理的规划和调整。

最后,园区能源管理还面临着在用能需求、生产需求、经济成本、可再生能源利用以及未来智慧电网中的自主平衡的问题。园区内的不同建筑和设备具有不同的能源需求,包括供热、供冷、供电等方面。为了满足这些需求,需要确保能源的可靠供应和平衡分配。此外,对于生产型园区,如工厂和加工厂,需要根据生产需求合理安排能源使用,以提高生产效率和降低能源成本。同时,大型园区能源管理还需要考虑可再生能源的利用,如太阳能和风能等,以减少对传统能源的依赖并降低环境影响。未来智慧电网的发展将使能源管理更加自主化和智能化,需要建立相应的技术和系统,以实现园区能源的自动监控、优化和平衡。[4]

总之,大型园区能源管理面临多个难点,包括园区多覆盖多种功能建筑类型、数据结构和误差精度的多样性、时间尺度的问题,以及在用能需求、生产需求、经济成本、可再生能源利用上的平衡及未来智慧电网中的自主平衡。解决这些难点需要综合考虑建筑特性、数据管理、能源规划和技术创新等方面的因素,采用先进的技术和系统,从而实现园区能源的高效管理和可持续发展。

1.2 各城市园区政策

1.2.1 国家政策

2020 年 7 月,《国务院关于促进国家高新技术产业开发区高质量发展的若干意见》提出以下几个方面的举措。一是着力提升自主创新能力:大力集聚高端创新资源,吸引培育一流创新人才,加强关键核心技术创新和成果转移转化。二是进一步激发企业创新发展活力:支持高新技术企业发展壮大,积极培育科技型中小企业,加强对科技创新创业的服务支持。三是推进产业迈向中高端:大力培育发展新兴产业,做大做强特色主导产业。四是加大开放创新力度:推动区域协同发展,打造区域创新增长极,融入全球创新体系。五是营造高质量发展环境:深化管理体制机制改革,优化营商环境,加强金融服务,优化土地资源配置,建设绿色生态园区。六是加强分类指导和组织管理:加强组织领导,强化动态管理。

1.2.2 深圳

2019 年 12 月,《深圳市建设中国特色社会主义先行示范区的行动方案(2019—2025 年)》提出率先实施新一轮创新驱动发展战略,首先包括全面推进光明科学城建设、高水平规划建设西丽湖国际科教城、建设国际科技信息中心、规范有序建设知识产权和科技成果产权交易中心等。

2022 年 6 月,《深圳市 20 大先进制造业园区空间布局规划》(以下简称《规划》)出炉,按照集中连片、产住分离的原则,在宝安、龙岗、龙华、坪山、光明、盐田、大鹏新区、深汕特别合作区合理划定先进制造业园区,总规划用地面积约 300 km²,按照启动区、拓展区、储备区有计划释放工业用地面积约 60 km²。《规划》提出,深圳以先进制造业为主阵地,聚焦战略性新兴产业,优化产业空间形态,完善产业集群生态,培育产业发展动能,提升产业发展质量,打造一批错位协同发展、高端要素集聚、核心功能突出的先进制造业园区,为深圳担当好"双区"建设历史使命,构建现代产业体系,推动经济高质量发展提供战略支撑。《规划》提出的工作目标为:到 2025 年,深圳建成辨识度高、集群集聚、承载力强的先进制造业园区体系,制造业压舱石地位进一步巩固,产业集聚效应显著增强,形成横向协同、纵向贯通的集群生态体系,面向未来的先进制造业成为城市经济发展的新支柱;到 2030 年,形成集约高效、融合辐射、优势突出的先进制造业园区格局,形成一批具有全球影响力和国内示范效应的先进制造业基地,支撑深圳成为全球制造业高质量发展标杆城市。

2022 年 12 月,《深圳市高新技术产业园区发展专项计划管理办法》发布,希望通过设立深圳市高新技术产业园区发展专项计划,引导和带动区级财政资金、企业资金和社会资本参与深圳高新区的建设发展,对营造优秀创新创业环境,支撑培育具有卓越竞争力和影响力的"20+8"战略性新兴产业和未来产业具有重要意义,这也是高新区高质量发展的现实需要。该政策有以下三个特点:

一是市区联动:撬动各方资源。规定了区级财政资金总规模与市级财政科研资金总规模的配套比例不低于 1∶1,具体项目配套比例不低于 0.5∶1,以市级财政科研资金为抓手,引导和带动区级财政资金、企业资金和社会资本共同参与高新区的建设发展。

二是主动布局:支撑产业发展。立足高新区发展基础,围绕产业发展需求,谋划布局创新平台、企业培育、科技金融和品牌建设四类项目,进一步提升产业集聚发展的整体效能,为高新区承载深圳市"20+8"战略性新兴产业和未来产业厚植土壤。

三是需求导向:打造特色园区。强化全市统筹引导,由各园区组织实施专项计划,允许各园区根据自身发展需求拓展支持方向,推动各园区差异化发展,打造特色园区。

1.2.3　北京

2018 年,北京市文化改革和发展领导小组办公室发布《关于加快市级文化创意产业示范园区建设发展的意见》,针对示范园区加大政策支持力度,提出了 7 个方面 19 条政策:对示范园区建设硬件设施,开展公共服务、文化金融服务,保护利用老旧厂房建设分园等给予资金支持,并在园区文化企业培育、文化人才服务、品牌建设推广等方面给予政策倾斜。其中,鼓励示范园区建设运营管理机构参与老旧厂房保护利用,将现有老旧厂房、特色工业遗址等存量设施资源改造为文化创意产业园区,建设分园。对于符合支持条件的老旧厂房保护利用项目,按照市政府固定资产投资项目管理程序和现行政策给予支持。对社会效益和经济效益较好的项目,按照一般支持标准再上浮 10% 给予补贴,单个项目补贴金额最高不超过 1 000 万元。

2022 年 6 月,《中关村国家自主创新示范区促进园区高质量发展支持资金管理办法(试行)》印发,该政策贯彻落实《国务院关于促进国家高新技术产业开发区高质量发展的若干意见》,加强财政政策与其他各方面政策的协同联动,加快打造基础设施完善、环境清新优美、产业高度集聚、机制高效有力、开放创新活跃的高品质科技园区,促进中关村示范区一区多园统筹发展,有力支撑世界领先科技园区和创新高地建设。该政策亮点如下:

一是统筹谋划空间载体园区链。梯度配置产业载体空间,构建满足不同类型企业需求和产业发展需要的园区链,瞄准高规格、高品质空间载体建设标准,打造未来产业科技创新高地。支持存量低效空间资源转型升级为科技产业园和独角兽企业聚集区。

二是聚焦提升园区专业服务能力。围绕园区产业服务、公共服务、配套服务三大服务能力,完善共性服务设施和配套设置,引入或组建专业化服务机构,营造一流创新环境,进一步提升园区的产业承载能力和专业服务能力,促进重点企业集聚发展。

三是强化绩效精准支持。更加有力发挥财政资金的精准支持和引导作用,对高品质科技园区、孵化器、大学科技园、专业化园区运营服务机构均采取事前补助方式支持,并按年度根据绩效考核结果,加大支持周期给予持续支持。

四是市区两级联合支持形成政策合力。由市区两级联合实施,引导和推进各类资源全链条布局空间载体、全要素向园区集聚、全方位服务园区高质量发展,培育"一园一产",加快推动园区高端化、专业化、集约化发展。

1.2.4 上海

2020 年 5 月,上海市颁布《关于加快特色产业园区建设促进产业投资的若干政策措施》支持特色产业园区发展。政策共计 16 条,主要从产业、科技创新、金融服务、土地、人才、制度保障等六大方面,精准供给有效政策。该政策亮点如下:

一是支持重大产业项目根据产业地图进行集聚布局,鼓励企业按照产业链环节与资源价值区段相匹配原则跨区域布局。支持实体型企业为自身发展、优化资源配置在本市合理迁移。

二是设立总规模 1 000 亿元的新基建信贷优惠专项。设立总规模 1 000 亿元的园区二次开发基金。设立总规模 1 000 亿元的产业基金,围绕集成电路、人工智能、生物医药三大先导产业,加大对重大产业项目支持力度。设立总规模 1 000 亿元面向先进制造业的中长期信贷专项资金,将中长期低息贷款政策从集成电路扩大至人工智能、生物医药等领域。

2021 年 11 月,上海市青浦区经济委员会印发《青浦区特色产业园区(平台)创建认定及发展扶持管理办法》,期望通过培育发展特色产业园区(平台),提升青浦特色产业的规模、质量与影响力,加快形成一批空间布局合理、产业特色明晰、配套功能完善、具有综合竞争力的品牌产业集群。对通过认定的特色园区提供注册扶持、资金扶持、运营扶持、数字化赋能扶持等。

2022 年 9 月,上海市浦东新区第七届人民代表大会常务委员会第七次会议通过《浦东新区推进特色产业园区高质量发展若干规定》。该文件作为上海首部支持特色产业园区发展建设的法律性文件,是浦东新区首部聚焦经济产业发展的管理措施。从内容来看,该文件聚焦浦东特色产业园区建设发展需要的"规划、管理、运营、创新、服务保障"等五个关键点,着力构建特色产业园区全生命周期服务保障体系,主要表现在以下三个方面:优化特色产业园区运营机制、优化项目引进培育支持机制、优化支持政策高效供给机制。

2022 年 12 月,上海出台《关于加快推进我市大学科技园高质量发展的指导意见》,旨在进一步发挥大学科技园在上海科技创新中心建设中的重要作用,促进科技、教育和经济融通创新,更好服务经济社会发展,提升城市能级和核心竞争力。该政策主要目标是"到 2025 年,基本形成多层次、开放性的大学科技园体系,显著提升大学科技园市场化、专业化、国际化水平,有力支撑上海科技创新策源功能的提升"。

2022 年 12 月,上海印发《上海市推进重点区域、园区等开展碳达峰碳中和试点示范建设的实施方案》。该实施方案的工作目标是:"支持有条件、有意愿的综合性区域、产业园区、居民社区、建筑楼宇以及企事业单位等开展各类碳达峰、碳中和试点建设和先行示范,探索形成可操作、可复制、可推广的经验做法和发展模式,加快实现绿色低碳转型。"建立试点项目实施效果的动态跟踪评价机制,总结宣传试点经验,形成示范带动效应,不断完善技术标准和管理体系。"十四五"期间,开展首批 100 个市级试点创建,根据试点成效,择优推荐申报相关国家级示范试点创建项目。

1.2.5　广州

2018 年 7 月,广州市政府办公厅印发了《广州市价值创新园区建设三年行动方案(2018—2020 年)》。该行动方案明确,广州将打造 10 个价值创新园区,到 2020 年,这 10 个园区将成为广州集聚高端产业新平台、广州经济发展新引擎、产城融合发展新示范。该行动方案提出,围绕新能源汽车、智能装备、新型显示、人工智能、生物医药、互联网等产业,广州将建设 10 个价值创新园区。园区将集聚一批前沿技术、高端人才等资源要素,建设一批制造业创新中心、国家工程技术研究中心及工程实验室、企业研发中心、工业设计中心等技术创新平台。

2020 年 7 月,广州市增城区科技工业商务和信息化局印发《关于推动产业园区提质增效的政策措施》，希望通过政策引导和支持，盘活一批社会闲置低效地块（厂房），并改造升级为产业园区，吸引一批优质项目落户，达到提质增效的目的，并以此为载体推进区域经济高质量发展。

2021年7月，广州市工业和信息化局印发《关于进一步推进广州市产业园区提质增效工作的通知》。该通知共分五部分，包括工作目标、试点园区遴选条件、主要任务、主要措施、其他事项，主要在遴选条件、财政资金支持方向、产业监管、园区评估等11个方面进行了修订，新增包括拓宽金融支持渠道、构建平台化研发创新体系、构建产业协同服务体系、支持园区智能化提升等内容。

2022年7月，广州市工业和信息化局印发《广州市推进软件园高质量发展五年行动计划（2022—2026年）》。该计划指出，按照"一区一特色"原则推动全市软件园区的有序协调发展，鼓励各区出台扶持软件产业和园区建设的政策措施。其中"园区载体'培土'行动"重点任务包含以下部分：

一是推动园区体系化发展。贯彻落实中国软件名园、省级特色园相关工作部署，建立广州软件园区培育发展体系，组织开展广州软件名园和软件特色园申报工作。对软件产业规模300亿元以上、软件收入占比50%以上，创新能力显著、管理服务高效、辐射带动较强且有区级专门机构的园区，按程序确定为"广州软件名园"。

二是引导园区错位发展。按照"一区一特色"原则推动全市软件园区的有序协调发展，鼓励各区出台扶持软件产业和园区建设的政策措施。

三是支持园区配套建设。支持软件园区开展建筑内外装修、园区环境改造、人才公寓建设等，完善道路、地下管网、能源、环保及其他基础设施，推动软件园区申报广州市提质增效试点产业园区，鼓励公共服务平台建设，提高园区土地产出效益。

除此之外，该通知中还包含园区产业"栽种"行动、园区企业"育苗"行动、园区服务"绿枝"行动、园区服务"绿枝"行动、园区生态"繁花"行动，目的都是促进广州市软件产业园区高质量发展。

参考文献

[1] 郭扬，吕一铮，严坤，等.中国工业园区低碳发展路径研究[J].中国环境管理，2021，13（1）：49-58.

[2] 李硕，张建国，白泉，等.AI赋能园区降碳潜力分析研究[J].中国能源，2022，44（6）：11-18.

［3］江宇萌, 张玉婷. 基于 "光储直柔" 技术的智慧园区设计应用［J］. 机电工程技术, 2022, 51（10）: 227-229.

［4］GUO Y, TIAN J P, CHERTOW M, et al. . Exploring greenhouse gas-mitigation strategies in Chinese eco-industrial parks by targeting energy infrastructure stocks［J］. Journal of Industrial Ecology, 2018, 22（1）: 106-120.

第2章
园区特征与经济政策

2.1 园区类型特征及案例

建筑园区是指以建筑为核心,集聚建筑相关产业、提供全方位的建筑服务和支持的特定区域。它包括建筑设计、施工、材料供应、装饰、维护等一系列与建筑相关的产业和服务。建筑园区能够集聚建筑产业链上的各个环节,包括建筑设计、施工、材料供应、装饰等。这种集聚能够促进企业间的合作与创新,形成优势互补,提高整个建筑产业的竞争力和创新能力。建筑园区可以有效整合和优化建筑资源的配置。不同环节的企业在园区内相互接近,便于资源的共享与协同,提高生产效率,降低成本,提供更优质的建筑产品和服务。建筑园区通常提供一系列的支持服务,如技术研发支持、人才培训、市场推广等。这些支持服务能够帮助企业提升技术水平、提高管理能力,扩大市场影响力,提供更全面的建筑服务。建筑园区作为一个产业集聚的特定区域,能够带动地方经济的发展。建筑产业的兴旺将带动相关产业的发展,提高就业机会和经济增长。同时,良好的建筑园区也可以成为城市形象的窗口,提升城市的品质和吸引力[1]。

总之,建筑园区通过促进产业集聚与创新、优化资源配置、提供全方位的服务与支持,对于建筑产业的发展和地方经济的提升都具有重要的意义[2]。它不仅为企业创造了良好的发展环境,也为城市的发展和建设带来了积极的推动作用。以下内容是现有各种建筑园区类型及工程案例介绍。

深圳某国家重点实验室园区介绍:实验室以服务国家和区域发展战略为己任,聚合国内外优质创新资源,建设重大科学基础设施和平台,开展区域性多领域、跨学科、大协同的基础研究和应用基础研究,重点布局网络通信、人工智能和网络空间安全等研究方向,努力引领未来学术方向,推动网络信息产业发展,积极推动粤港澳大湾区打造国际科技创新中心。实验室将积极开展符合大科学时代科研规律、发挥新型举国体制优势的科研体制机制创新,建设具有国际领先水平的创新型实验室。

2.1.1　科技园区

科技园区是专门为促进科技创新和发展高科技产业而设立的园区。它提供了一种集中、协作和创新的环境,旨在推动科技研发、技术转移和企业孵化,促进科技成果的转化和商业化。下面是科技园区的一些主要特征和含义。

(1)创新生态系统

科技园区是一个鼓励创新和协作的生态系统,将高科技企业、科研机构、创业者和投资者聚集在一起。这种集聚效应有助于知识交流、技术合作和资源共享,推动创新和科技发展[3]。

(2)技术导向

科技园区通常专注于某个或多个特定的技术领域,如信息技术、生物技术、人工智能等。它提供了相应的基础设施和资源,以支持相关技术的研发、测试和应用。

(3)产学研结合

科技园区鼓励产业界、学术界和研究机构之间的合作与交流。它可以与大学、研究所和科研中心建立紧密联系,促进技术转移和人才培养,加快科研成果的应用和商业化。

(4)孵化器和加速器

科技园区通常设有创业孵化器和企业加速器,为初创企业提供办公空间、导师指导、资金支持和市场推广等服务。这有助于提供创业环境和支持,培育新兴科技企业。

(5)便利和支持服务

科技园区提供了一系列便利和支持服务,如法律咨询、知识产权保护、市场营销、人力资源等。这些服务有助于帮助企业解决运营中的各种挑战,提高其竞争力和发展潜力。

(6)空间规划和设施

科技园区通常拥有现代化的办公楼、实验室、研发中心和生产设施。它们的空间规划和设计考虑了灵活性、可扩展性和创新性,以适应不同类型和规模的科技企业的需求[4]。

(7)创业文化和交流活动

科技园区鼓励创业文化的培育,通过举办创业竞赛、技术研讨会、行业交流活动等来促进企业家精神和创新意识的发展。这种文化氛围和交流活动有助于激发创新思维和合作机会。

(8)多元产业集聚

科技园区通常聚集了不同领域的科技企业、创新创业者、研究机构和投资者。这种多元产业集聚有助于知识交流、合作创新和资源共享,促进跨界融合和创新发展。

(9)投资和资金支持

科技园区通常吸引了投资机构、风险投资基金和创业投资者的关注。这些投资机构为科技企业提供资金支持、融资渠道和投资合作机会,助力企业的发展和成长。

(10)地域优势和政策支持

科技园区通常选址于具备地域优势的地区,如技术人才集聚、科研资源丰富、政策支持力度大等。当地政府提供相关优惠政策、税收优惠和行政支持,鼓励科技创新和产业发展。

科技园区的目标是为科技企业提供良好的创新环境和支持,加速科技成果的应用和商业化,推动当地的科技发展和经济增长。不同的科技园区可能在规模、定位和特色上存在差异,但它们都旨在成为科技创新和产业协作的重要枢纽[5]。

科技园区项目案例

(1)之江实验室

之江实验室是浙江省深入实施创新驱动发展战略、探索新型举国体制浙江路径的重大科技创新平台,是由浙江省人民政府主导举办、浙江大学等院校支撑、企业参与的事业单位性质的新型研发机构,于2017年9月正式挂牌成立。实验室以国家目标和战略需求为导向,以重大科技任务攻关和大型科技基础设施建设为主线,以打造国家未来战略科技力量为目标,形成一批原创性、突破性、引领性、支撑性的重大科技成果,汇聚和培养一批具有全球影响力的高层次人才,建设世界一流新型研发机构。之江实验室聚焦人工智能和网络信息两大领域,重点在智能感知、智能计算、智能网络和智能系统等四大方向开展基础研究和技术创新。

之江实验室智慧园区一期园区建设期限为2018—2020年,总建筑面积约35万 m^2。一期园区重点建设基础前沿的研究机构和多学科交叉创新的研究机构,着重建设创新性的应用大平台和共性的大科学装置,启动一批重大项目。实验室以浙江大学、阿里巴巴集团为核心,整合浙江工业大学、杭州电子科技大学、中电海康集团、新华三集团等高校、院所、企业的资源,谋划实施未来网络技术研究院、人工智能研究院、战略研究中心、智能机器人研究中心、标准化研究中心、智能芯片研究中心、网络健康大数据研究中心、城市大脑研究中心、感知科学与技术研究中心等大重点研发平台。2018 年底启动园区基础设施建设,包括学术交流中心、行政会议中心、文化设施(展厅)、体育设施、流动人员公寓、人才社区、食堂及其他配套设施等。园区一期建设完成后在建设体量、研究方向、生活配套等方面均达到国内一流实验室水平。旨在将园区打造成为未来城市的模板和科学研究的综合试验场,充分体现智能化、数字化、生态化和集约化的特点。(图 2.1)

图 2.1　之江实验室智慧园区

之江实验室智慧园区二期园区建设期限为 2020—2022 年,总建筑面积约 65 万 m²。二期园区重点建设科研用房,包括标准实验室、大科学装置与核心装备、共建平台、中试基地、科技孵化器、产学研联合开发中心、人才社区、流动人员公寓等。二期园区建设完成后具备国际一流实验室建设规模及科研能力。

(2)紫金山实验室

紫金山实验室又称网络通信与安全紫金山实验室,成立于 2018 年 8 月,是为了深入贯彻习近平新时代中国特色社会主义思想,打造引领性国家创新型城市,共同推进建设的重大科技创新平台。紫金山实验室面向网络通信与安全领域国家重大战略需求,以引领全球信息科技发展方向、解决行业重大科技问题为使命,通过聚集全球高端人才,开展前瞻性、基础性研究,力图突破关键核心技术,开展重大示范应用,促进成果在国家经济和国防建设中落地。紫金山实验室聚集未来网络、新型通信和网络安全等研究方向,力图成为国家科技创新的重要力量,争创国家实验室。紫金山实验室第一期被划拨 1 万 m² 科研用房,第二期 16 万 m² 场地 2019 年底交付使用,第三期完成了 120 万 m² 场地的规划。

（3）生物岛实验室

生物岛实验室（原名广州再生医学与健康广东省实验室）成立于 2017 年 12 月,规划建设总面积 1 650 亩（1 亩 ≈ 666.67 m²）,包括核心基础研究园区、应用研发与中试园区、临床转化基地、产业化综合园区。实验室总部设在广州国际生物岛。科学城园区:基础部实验室大楼 1.068 万 m²,中国科学院广州生物院 D、E、F、G 栋 1.7 万 m²,医疗器械部场地 0.808 万 m²,共 3.576 万 m²。生物岛园区:广州生物岛 B2 栋 0.498 万 m²（行政楼）,广州国际生物岛标准产业单元四期四栋物业约 6.7 万 m²（建设中）,共 7.198 万 m²。

（4）先进制造科学与技术省实验室（季华实验室）

季华实验室选址于广东佛山市三龙湾高端创新聚集区核心区域,位于广佛交界中心地区,距广东省政府 13 km,距佛山市政府 12 km。整体占地 1 000 亩,其中科研用地 240 亩,建筑面积 30 万 m²,规划产业化基地 760 亩。首期 5 年建设期投入总经费 55 亿元。

（5）材料科学与技术省实验室（松山湖材料实验室）

松山湖材料实验室一期工程（第一批）项目已纳入省重点项目和市重大项目,总体规划 1 200 亩,总经费预算约 120 亿元,首期计划投资经费超过 50 亿元。

目前一期工程（第一批）完成约四分之一,含展览综合楼、会议中心、办公楼、实验室、宿舍楼等 24 个建筑单体正全面开建,多边形建筑地基轮廓已初步显现,于 2023 年底交付使用。

（6）雄安区块链实验室

雄安区块链实验室 2020 年 3 月正式揭牌,标志着河北雄安新区区块链创新实践进入了组织化、规模化落地阶段。雄安区块链实验室是一个综合性科技创新服务平台,以打造开放创新基地、探索实验室经济新模式为目标,重点围绕技术创新、测评认证、标准研究、政策咨询、生态协同等方面建设相应能力,并采取人才入站、机构入站、项目入站三种运营模式,为政府、企业以及其他机构提供优质服务。

雄安区块链实验室发展目标有 3 个方面:成为区块链研究与应用新高地,在区块链自主可控技术研究、区块链与其他技术的融合创新、区块链在城市管理运行、生活服务各个场景的应用,雄安区块链实验室都有所领先和有所超越;打造开放的前沿创新基地,向全社会开放、向全球开放、向前沿智慧类技术开放、向创新人才开放、向创新思想开放、向创新实践开放;探索实验室经济新模式,发展创业孵化、技术转移转化、技术咨询、政策咨询、知识产权综合运用、测试评估认证等科技服务,充分发挥知识溢出效应。

2.1.2　工业园区

工业园区是专门为发展和促进制造业、加工业和工业生产而设立的区域。它提供了一系列的基础设施和服务,旨在吸引企业投资和落地,促进产业集聚、协同发展和经济增长。以下是工业园区的一些主要含义和特征。

(1)产业集聚

工业园区是一种集中大量企业和工业项目的区域,通过吸引同一产业或相关产业的企业入驻,形成产业集聚效应。这有利于提升产业链的完整度和竞争力,促进资源优化配置和协同创新。

(2)基础设施

工业园区提供全面的基础设施,包括工厂、厂房、仓库、道路、供电、供水、供气、通信网络等。这些设施满足了企业生产和运营的基本需求,为企业提供良好的办公和生产环境。

(3)产业支持服务

工业园区提供各种产业支持服务,如物流、仓储、技术研发、质量检测、培训等。这些服务有助于提升企业的竞争力和生产效率,降低企业运营成本。

(4)资源整合

工业园区整合了地方资源,如土地、人才、技术、市场等。通过资源整合,工业园区能够提供更多的发展机会和优惠条件,吸引企业入驻,促进区域经济的发展。

(5)环境规划

工业园区注重环境规划和管理,努力减少环境污染和资源浪费。它采取了一系列环保措施,如建设污水处理设施、推动清洁能源应用、推广循环经济模式等,以确保工业发展与环境保护相协调。

(6)产业协同发展

工业园区鼓励企业间的合作和交流,促进产业协同发展。通过共享资源、合作创新、产业联盟等方式,企业能够共同提高技术水平、降低成本、开拓市场,从而增强整体竞争力。

(7)政策支持

工业园区通常享受政府的支持和优惠政策。政府会提供土地、税收、融资、人才培训等方面的支持,以吸引投资和促进企业发展。

(8)区位优势

工业园区通常选址于交通便利、资源丰富、市场潜力大的地区,以便于企业的运输、采购和销售。良好的区位优势有助于降低企业的运营成本,拓展市场空间。

工业园区的目标是通过集聚企业、提供支持和服务,推动制造业和工业生产的发展,促进经济增长和就业机会增加。不同的工业园区可能在规模、产业定位和特色上存在差异,但它们都旨在成为创新创业的重要平台和工业经济的支撑基地。

工业园区项目案例

（1）深圳前海蛇口自贸片区

深圳前海蛇口自贸片区位于广东深圳,于 2015 年 4 月挂牌成立,是中国(广东)自由贸易试验区的一部分,也是我国改革开放的试验区之一。片区总面积 28.2 km²,分为前海区块(15 km²,含前海湾保税港区 3.71 km²)和蛇口区块(13.2 km²)。片区以金融、科技、文化创意和现代服务业为主导产业,吸引了众多国内外企业入驻。它提供了一系列便利政策和服务,成为创新创业的热门地区。

（2）张江高科技园区

张江高科技园区(上海市浦东新区科技园区)位于上海市浦东新区,于 1992 年经市政府批准兴建,规划占地 17 km²,是中国重要的科技创新和产业化基地之一。园区聚集了众多高科技企业、研究机构和创新创业者,推动了生物医药、信息技术、新材料等领域的发展。

（3）苏州工业园区

苏州工业园区是 1994 年 2 月经中华人民共和国国务院批准设立的经济技术开发区,1994 年 5 月实施启动,行政区划面积 278 km²。它是我国最早成立的工业园区之一,位于江苏省苏州市。该园区以高新技术产业和制造业为主导,形成了一批知名企业和创新中心,在科技创新、人才引进和城市规划等方面取得了显著成就。

（4）成都高新技术产业开发区

成都高新技术产业开发区,简称成都高新区,位于四川省成都市中心城区南部和西部。1990 年,成都高新区获准正式成立,规划面积 40 km²。如今成都高新区托管总面积 130 km²,共划分为 7 个街道,其中,高新南区 87 km²,高新西区 43 km²。该区域以信息技术、生物医药、新能源等高科技产业为主导,吸引了众多国内外知名企业和创新创业团队。

（5）两江新区

两江新区位于重庆主城都市区中心城区长江以北、嘉陵江以东,于 2010 年 6

月 18 日挂牌。它包括江北区、北碚区、渝北区 3 个行政区部分区域,面积 1 200 km²,其中直管区面积 638 km²。两江新区是中国内陆第一个国家级开发开放新区,是重庆市的战略新区。该区域以现代制造业、数字经济和生态环保产业为主导,积极推动产业转型升级和区域经济发展。

2.1.3　经济技术开发区

经济技术开发区(Economic and Technological Development Zone) 是我国最早在沿海开放城市设立的以发展知识密集型和技术密集型工业为主的特定区域,后来在全国范围内设立,实行经济特区的某些较为特殊的优惠政策和措施。经济技术开发区设立的目的是推动产业升级、吸引外资、促进技术创新和推动区域经济发展。下面是经济技术开发区的一些主要含义和特征。

(1)优惠政策

经济技术开发区享受政府的优惠政策和支持,包括税收减免、土地使用权优惠、财务支持、海关便利等。这些政策旨在降低企业运营成本、提升竞争力,吸引国内外投资。

(2)基础设施

经济技术开发区提供完善的基础设施,包括工厂、办公楼、道路、供电、供水、供气、通信网络等。这些设施能满足企业生产和运营的需求,提供便利的工作环境。

(3)产业集聚

经济技术开发区通常聚集了同一或相关产业的企业。通过产业集聚,企业可以共享资源、开展合作、形成产业链,提高效益和创新能力。

(4)技术创新

经济技术开发区注重技术创新,鼓励企业加大研发投入、提升技术水平。它提供研发中心、科研机构和技术支持服务,促进企业间的技术合作和知识交流。

(5)对外开放

经济技术开发区鼓励对外开放,吸引外商投资和技术引进。它提供便利的投资环境和服务,为外资企业提供扩大市场、拓展业务的机会。

(6)人才培养

经济技术开发区注重人才培养和引进。它设立了技能培训机构、高等教育机构和科研机构,为企业提供人才储备和培训支持。

（7）管理服务

经济技术开发区提供管理和服务支持，包括企业注册、行政审批、商务咨询等。它为企业提供便捷的行政手续和高效的服务，促进企业的发展。

经济技术开发区的建立和发展有助于促进地方经济增长、吸引投资、提升产业竞争力。它在我国经济发展中发挥了重要的推动作用，成为各地区加快产业转型升级和经济发展的有效方式之一。

经济技术开发区项目案例

（1）深圳高新技术产业园区

深圳高新技术产业园区是中国最早设立的国家级经济技术开发区之一，位于广东省深圳市，面积 185.6 km^2，其中高新技术产业用地 76.1 km^2。园区以信息技术、生物医药、新能源等高科技产业为主导，吸引了众多国内外知名企业和创新创业团队。

（2）天府新区

天府新区是四川省下辖的国家级新区，也是成都市的战略新区，规划总面积为 1 578 km^2。该区域以现代制造业、信息技术和新兴产业为重点，吸引了大量企业和投资，推动了当地经济的快速发展。

（3）青岛经济技术开发区

青岛经济技术开发区位于山东省青岛市，是 1984 年 10 月经国务院批准设立的国家级开发区之一，2016 年全区总面积增至 274.1 km^2。园区以制造业和高新技术产业为主导，涵盖了汽车制造、船舶制造、电子信息等领域。

2.1.4 生态园区

生态园区是一种以生态保护、可持续发展和绿色生活为核心理念的特定区域。它通过合理规划和管理，追求人与自然的和谐共生，旨在保护和恢复生态环境，提升生态效益，并促进经济、社会和环境的可持续发展。以下是生态园区的一些主要含义和特征。

（1）生态保护和恢复

生态园区致力于保护和恢复自然生态系统，包括湿地、森林、水源、土壤等。它采取生态修复、生态保护和生态重建等措施，保护珍稀物种和濒危生物，维护生态平衡。

（2）可持续发展

生态园区注重可持续发展，追求经济、社会和环境的协调发展。它通过推动绿色产业、节能减排、资源循环利用等方式,实现经济增长和生态保护的良性循环。

（3）绿色基础设施

生态园区建设具备绿色基础设施,包括清洁能源供应、低碳交通系统、雨水收集利用等。它通过绿色建筑、节能设施和智能化管理,降低能源消耗和环境污染。

（4）生态旅游和教育

生态园区提供丰富的生态旅游资源和教育机会,鼓励公众了解生态环境、生物多样性和可持续发展。它打造生态景观、开展生态游览和生态教育活动,提高公众的环保意识和生态素养。

（5）社区参与和共治

生态园区鼓励社区居民参与生态保护和可持续发展的行动。它建立社区组织和参与机制,促进公众参与决策、共同管理和分享生态成果。

（6）绿色产业和创新

生态园区培育绿色产业和创新创业,推动环境友好型企业和绿色技术的发展。它支持绿色企业的孵化和发展,促进资源循环利用、清洁生产和绿色供应链的建立。

（7）环境监测和评估

生态园区进行环境监测和评估,及时掌握生态状况和环境变化。它建立环境监测网络、制定环境评估标准,通过科学数据为决策提供支持。

生态园区的建设和发展有助于保护生态环境、推动可持续发展和提高居民生活质量。它们在全国的推广和实践为其他地区的生态保护和可持续发展提供了宝贵经验和示范。

生态园区项目案例

（1）杭州西湖生态文化园区

杭州西湖生态文化园区位于浙江省杭州市,是我国首个国家级生态园区。该园区以西湖为核心,以生态保护、文化传承和可持续发展为目标,通过生态修复和文化活动,实现了城市生态与人文景观的融合。

（2）深圳大鹏生态旅游区

深圳大鹏生态旅游区位于广东省深圳市,是我国南方重要的生态旅游目的地。该区域拥有丰富的海岸线、沙滩、海洋生态和自然景观,通过保护生态环境和开展生态旅游,实现了经济发展和生态保护的双赢。

（3）黄山风景区

黄山风景区位于安徽省南部黄山市境内，是国家级风景名胜区，也是国家级生态园区。黄山是世界文化与自然遗产，该区域以壮丽的山水风景和丰富的生物多样性闻名，通过限制开发、生态保护和环境监测，保护了黄山的自然生态和文化遗产。

（4）北京怀柔生态科技园

北京怀柔生态科技园位于北京市怀柔区，是中国重要的科技园区之一。该园区以生态文明和绿色科技为核心，聚集了众多高科技企业和科研机构，通过绿色建筑和环保技术，实现了生态和科技的有机融合。

（5）福建武夷山国家级自然保护区

福建武夷山国家级自然保护区位于福建省北部，是中国第一个国家重点自然保护区，也是重要的生态保护区之一。该区域拥有丰富的森林资源和生物多样性，通过生态保护和可持续发展，实现了自然景观的保护和生态经济的发展。

2.1.5　文化创意园区

文化创意园区旨在促进文化产业和创意产业的发展与交流。它以文化创意产业为主导，围绕创意设计、艺术表演、文化传媒、数字媒体等领域，集聚了创意人才、企业和机构，创造了具有独特文化氛围和创新活力的创意生态系统。以下是文化创意园区的一些主要含义和特征。

（1）创意产业集聚

文化创意园区是创意产业的集聚地，吸引了艺术家、设计师、创业者等创意人才和企业入驻。园区提供专业的场所和配套设施，为创意从业者提供办公、展示、创作和交流的空间。

（2）文化创意交流与合作

文化创意园区鼓励创意人才之间的交流和合作。园区组织各类文化活动、展览、艺术节等，促进创意产业链条的形成，推动不同领域的交叉融合和合作创新。

（3）文化传承与创新

文化创意园区注重传统文化的传承和创新。它提供支持和平台，让传统工艺、文化元素和民俗传统得到保护和发展，同时鼓励创新，将传统文化与现代设计、科技融合，创造出独特的文化创意产品和服务。

（4）创意产业生态系统

文化创意园区努力构建创意产业的生态系统，整合产业链各个环节，包括创意设计、制造加工、营销推广、创意金融等。通过搭建创新创业平台、提供创业培训和融资支持,推动创意产业的健康发展。

（5）城市复兴与城市更新

文化创意园区在城市复兴和城市更新中起到重要作用。它通过改造老旧工业区、仓库和工厂,将其转变为文化艺术空间,提升城市形象,带动周边地区的经济发展和社会活力。

（6）创意教育与人才培养

文化创意园区重视创意教育和人才培养。园区设立创意学院、创意实验室等教育机构,培养创意人才和专业技能,为创意产业提供持续的人才支持。

（7）城市文化旅游景点

文化创意园区往往成为城市的文化旅游景点,吸引游客。园区内的文化设施、艺术展览、文化创意产品等丰富多样,为游客提供独特的文化体验和艺术享受。

文化创意园区的发展可以促进文化产业的繁荣、城市经济的转型升级和城市文化的传播。它们不仅为创意人才提供了创作和发展的机会,也为城市居民和游客创造了丰富多彩的文化生活空间[6]。

文化创意园区项目案例

（1）北京 798 艺术区

北京 798 艺术区位于北京市朝阳区,是国内非常著名的文化创意园区之一。这里原为老工业区(798 原身是由苏联援建、德意志民主共和国负责设计建造、总面积达 110 万 m² 的重点工业项目 718 联合厂,于 1952 年筹建),经过改造和复兴,艺术区总面积 60 多万 m²,成为国内外知名的艺术创作、展览和文化交流的中心,吸引了众多艺术家、设计师和文化机构入驻[7]。

（2）1933 老场坊

1933 老场坊位于上海市虹口区,是一座建于 1933 年的独特建筑群,建筑面积约 3.17 万 m²。这里经过修复和改造,成为一个集创意设计、时尚文化和艺术展览为一体的文化创意园区。园区内有艺术家工作室、设计机构、艺术展览空间等,呈现了独特的艺术氛围。

（3）广州红砖厂创意园

广州红砖厂创意园位于广州市天河区,原为老工业厂房,经过改造成为一个集艺术创作、文化展览和创意产业孵化于一体的园区。红砖厂创意园吸引了大量艺术家、设计师和文化创意企业入驻,成为广州文化创意产业的重要基地。

（4）成都 IFS 国际金融中心 D11 文化艺术区

成都 IFS 国际金融中心位于成都市锦江区,是一座集购物、办公和文化艺术于一体的综合体。其中 D11 文化艺术区以艺术展览、设计创意和时尚文化为主题,通过展览、活动和艺术品销售,为市民和游客提供了一个艺术与时尚的交流平台。

（5）西溪艺术集合村

西溪艺术集合村位于杭州市余杭区西溪湿地景区内,是一个结合自然景观和艺术创作的文化创意园区。园区内有艺术家工作室、艺术展览馆和文化艺术活动场所,以艺术和自然为主题,吸引了众多艺术家和文化爱好者。

2.1.6　金融园区

金融园区是指以金融机构和金融业务为核心的特定区域,旨在促进金融产业发展、金融创新和金融服务的集聚和协同。它提供金融机构入驻、金融业务交流和合作的专业环境,促进了金融行业的发展和经济的繁荣。以下是金融园区的一些主要含义和特征:

（1）金融机构集聚

金融园区吸引了各类金融机构的入驻,包括银行、证券公司、保险公司、基金管理公司等。这些金融机构在园区内设立办事机构、分支机构或总部,形成了金融机构的集聚效应,提升了金融服务的便捷性和专业性。

（2）金融创新与科技应用

金融园区鼓励金融创新和科技应用。通过引进科技企业、金融科技创业公司和创新实验室,推动金融科技的研发和应用,促进数字金融、区块链、人工智能等前沿技术与金融业务的融合。

（3）金融服务综合功能

金融园区提供综合的金融服务功能,包括金融交易、金融咨询、金融培训、金融展览等。园区内设有金融中心、金融广场、金融会展中心等设施,为金融机构和从业人员提供高效便捷的服务环境。

（4）金融人才培养与研究

金融园区注重金融人才培养和研究。园区内设立金融学院、培训中心和研究机构,开展金融领域的学术研究和人才培养计划,为金融业提供专业化、高素质的人才支持。

（5）金融法规与监管支持

金融园区享有较为灵活的金融法规和监管政策支持。为金融机构和金融创新提供便利的审批程序、监管机制和政策支持,为金融业务的发展提供良好的营商环境。

（6）国际化金融交流与合作

金融园区鼓励国际金融交流与合作。吸引国内外金融机构、金融专业人才和投资者入驻，促进国际金融资源的集聚和交流，推动金融业务的国际化发展。

金融园区的建设和发展有助于促进金融业的创新和服务水平的提升，推动金融业向高质量发展转型。它们为金融机构提供了良好的发展平台，促进了金融资源的集聚和流动，推动了金融业对实体经济的支持和金融风险的控制。

金融园区项目案例

（1）陆家嘴金融城

陆家嘴金融城位于上海市浦东新区，是目前国内规模最大、资本最密集的中央商务区（简称 CBD）之一。陆家嘴金融城聚集了大量的国内外金融机构和金融服务机构，包括中国央行、证券交易所、商业银行、证券公司等。作为中国金融业的核心区域，陆家嘴金融城在金融创新、金融服务和金融监管方面发挥着重要作用。

（2）深港国际金融城

深港国际金融城位于深圳市，是中国首个试点金融改革创新区。2021 年 10 月，前海深港国际金融城建设启动仪式在前海嘉里中心举行。该金融创新区总占地面积约为 2.3 km²，总建筑面积约为 760 万 m²。该金融创新区着重发展金融科技和创新型金融机构，吸引了大量金融科技企业、投资机构和孵化器入驻。该区域享受较为灵活的金融监管政策，推动金融科技的发展和金融业务的创新。

（3）北京金融街

北京金融街位于北京市西城区，占地 2.59 km²，是北京市第一个大规模整体定向开发的北京金融街金融产业功能区。北京金融街聚集了众多金融机构、证券公司、基金公司和保险公司，同时还设有金融研究机构和金融培训中心。该区域以金融服务、金融交易和金融创新为主要特色，成为我国金融业的重要节点。

（4）滨海金融街

滨海金融街位于天津市滨海新区，是天津市金融业的核心区域。金融街吸引了大量的银行、证券公司、保险公司等金融机构入驻，推动了金融业务的集聚和发展。金融街内还设有金融机构服务中心、金融培训机构等，提供全方位的金融服务和支持。

（5）成都金融城

成都金融城位于成都市高新区，占地 5.1 km²，是四川省西部金融中心战略的重要载体。成都金融城聚集发展传统金融业、新兴金融业、大型企业总部、高端配套服务业等业态,推动了成都金融业的发展。园区内还设有金融研究机构、金融创新实验室等,促进了金融创新和金融科技的发展。

2.1.7 教育园区

教育园区是指以教育机构和教育服务为核心的特定区域,旨在促进教育资源的集聚和创新,提供优质的教育教学环境和支持,推动教育事业的发展。教育园区的特征如下:

(1)教育机构集聚

教育园区吸引了各类教育机构的入驻,包括学校、大学、研究机构、培训机构等。这些教育机构在园区内设立校区、研究中心、实验室等,形成了教育资源的集聚效应,提供了多样化的教育选择和机会。

(2)优质教育资源

教育园区提供了丰富的优质教育资源,包括教师队伍、教育设施、教育科研等。园区内的教育机构聚集了高水平的教师和专家,提供了优质的教学和研究环境,推动教育质量的提升。

(3)教育创新与实践

教育园区鼓励教育创新和实践。通过引进教育科技企业、教育创业公司和创新实验室,推动教育科技的研发和应用,促进教育教学的创新和改革。

(4)教育产业融合

教育园区促进教育与产业的融合。园区内可以容纳创业孵化器、教育培训机构、教育科技企业等,为教育产业的发展提供支持和机会,推动教育与产业的互动和合作。

(5)产学研结合

教育园区鼓励产学研结合。通过与企业、科研机构的合作,推动教育教学与实际需求的对接,培养符合市场需求的人才,促进教育与产业的无缝衔接。

(6)社区教育服务

教育园区与周边社区的教育服务紧密结合。园区内设有教育服务中心、继续教育机构等,为社区居民提供教育培训、学习咨询等服务,促进社区教育的普及和发展。

教育园区的建设和发展有助于提升教育质量、推动教育改革和促进人才培养。它们为学生提供了优质的教育资源和多样化的学习机会,为教师提供了专业的发展平台,推动教育事业的繁荣。

教育园区项目案例

（1）北京中关村教育科技园

北京中关村教育科技园位于北京中关村科技园区，是中国首个以教育科技为核心的教育园区。该园区聚集了众多教育科技企业、创新孵化器和教育机构，致力于推动教育科技的创新和应用。园区内设有教育科技研发中心、教育科技展示中心等，提供创新创业支持和教育资源共享平台。

（2）上海临港教育园区

上海临港教育园区即临港大学园区，位于上海浦东临港新城，是上海市重点打造的教育园区之一。该园区以高等教育和职业教育为主导，聚焦创新创业教育和产业技能培训。园区内设有大学、职业学院、技术培训中心等，打造了一体化的教育创新生态系统。

（3）深圳南山教育园区

深圳南山教育园区位于深圳市南山区，是深圳市教育事业的重要发展区域。南山教育园区聚集了各类学校、科研机构和教育服务机构，推动了教育资源的集聚和共享。园区内设有创新实验室、科研中心和教育培训机构，提供全方位的教育支持和服务。

（4）成都高新区教育园区

成都高新区教育园区位于成都市高新区，是西部地区的重要教育园区。该园区聚集了学校、科研院所、创新实验基地等，推动了高新技术与教育教学的融合。园区内设有科研机构、创新中心和教育培训机构，为人才培养和科技创新提供支持。

（5）重庆两江新区教育园区

重庆两江新区教育园区位于重庆市两江新区，是重庆市教育事业的重点发展区域。园区以高等教育和职业教育为主导，聚集了大学、职业学院、技术培训中心等。园区致力于提升人才培养质量和推动教育与产业的深度融合。

2.1.8　医疗健康园区

医疗健康园区是指以医疗机构、医疗服务和健康产业为核心的特定区域，旨在促进医疗资源的集聚和创新，提供全方位的医疗健康服务和支持，推动医疗健康事业的发展。医疗健康园区的特征如下。

（1）医疗机构集聚

医疗健康园区吸引了各类医疗机构的入驻，包括医院、诊所、研究机构、医疗技术中心等。这些医疗机构在园区内设立医疗服务点、研究中心、创新实验室等，形成了医疗资源的集聚效应，提供了全面、多样化的医疗服务。

（2）创新科技与研发

医疗健康园区鼓励医疗科技创新和研发。通过引进医疗科技企业、研究机构和创新实验室，推动医疗技术的研发和应用，促进医疗服务的创新和改善。

（3）健康产业融合

医疗健康园区促进医疗与健康产业的融合。园区内可以容纳健康管理机构、医疗健康科技企业、健康养老机构等，推动医疗健康产业的发展和创新。

（4）人才培养与交流

医疗健康园区注重人才培养与交流。园区内设有医学院校、培训中心和专业人才交流平台，培养医疗健康领域的专业人才，促进医疗科研和学术交流。

（5）医疗服务综合体系

医疗健康园区建设综合的医疗服务体系，包括医疗机构、医疗设备、药品供应、健康管理等。园区致力于提供全方位、高质量的医疗健康服务，满足人们的各类健康需求。

（6）医疗资源共享与互联互通

医疗健康园区鼓励医疗资源的共享与互联互通。通过建立医疗信息共享平台、医疗大数据应用等，促进医疗机构间的合作与交流，提高医疗服务的效率和质量。

这些特征使医疗健康园区成了一个综合性的医疗健康生态系统，推动了医疗健康产业的发展和创新，提升了人民的健康水平和生活质量[8]。

医疗健康园区项目案例

（1）上海国际医学园区

上海国际医学园区位于上海市浦东新区，是我国重要的医疗健康园区之一。上海医学谷聚集了大量医疗机构、研究机构、生物医药企业和医疗器械公司。园区致力于推动医疗科技创新和转化，并提供全方位的医疗服务和支持。

（2）深圳前海健康绿谷

深圳前海健康绿谷位于深圳市前海深港合作区，是深圳市打造的重要医疗健康园区。前海健康绿谷汇集了优质医疗资源和健康产业企业，促进医疗科技创新和产业发展。园区致力于打造国际级的医疗健康创新中心。

（3）北京大兴健康产业园

北京大兴健康产业园位于北京市大兴区，是北京市政府重点打造的医疗健康园区。园区内设有医学研究院、医疗器械产业基地等,聚集了医疗机构、健康管理机构、医疗科技企业等,旨在推动医疗健康产业的发展和创新。

(4)成都天府新区医疗健康产业园

成都天府新区医疗健康产业园位于成都市天府新区,是西部地区重要的医疗健康园区。园区内聚集了医院、医疗科研机构、健康管理中心等,致力于推动医疗服务质量的提升和医疗健康产业的发展。

2.2　园区经济政策

我国园区经济政策是指为促进园区经济发展而制定的政策和措施。以下是一些常见的园区经济政策。

1)产业引导政策

政府为园区确定产业定位,制定相关政策以吸引特定产业进驻。这些政策可以包括税收优惠、财政支持、融资支持、用地供应等,以促进园区内相关产业的发展。

2)政府扶持政策

政府向园区提供财政扶持,包括直接补贴、资金扶持、科技创新资金支持等。这些资金可用于基础设施建设、人才引进、科技研发等方面,以提升园区经济发展的能力和竞争力。

3)减税和税收优惠政策

政府通过减免企业所得税、增值税等税收优惠政策,降低园区内企业的税负,激发企业的投资意愿和创新动力。

4)金融支持政策

政府通过建立金融创新试验区、设立专门的金融机构,为园区内的企业提供融资支持、信贷便利、风险投资等金融服务,促进园区经济的融资和资本运作。

5)外贸出口政策

政府鼓励园区企业开展外贸出口,提供出口退税、出口信用保险、贸易便利化等政策支持,促进园区内企业的国际贸易和竞争力提升。

6)创新创业政策

政府为园区内的创新创业活动提供政策支持,包括创业孵化、科技成果转化、知识产权保护、人才培养等方面。这些政策旨在鼓励园区内的企业和创业者进行科技创新和创业活动。

7)对外开放政策

政府鼓励园区开展对外交流与合作,吸引外资企业进入园区。政府提供开放政策和便利条件,鼓励园区与国内外企业、科研机构开展合作项目,促进技术引进和国际交流。

其中能源政策主要包含以下几个方面:

(1)能源结构调整政策

政府鼓励园区实施能源结构调整,减少对传统能源(如煤炭)的依赖,增加清洁能源(如太阳能、风能、水能)的比重。政策包括鼓励清洁能源发电项目建设、提供清洁能源发电的优惠电价等。

(2)节能和能效提升政策

政府推动园区实施节能和能效提升措施,包括制定能效标准、鼓励节能技术和设备的应用、推广节能管理系统等。政策包括提供节能技术支持和补贴、鼓励能源管理和节能改造等。

(3)新能源发展政策

政府支持园区发展新能源产业,鼓励新能源企业在园区建设和发展。政策包括提供土地和用电优惠、金融支持、政策补贴和奖励等,以吸引和扶持新能源企业。

(4)分布式能源政策

政府推动园区发展分布式能源系统,鼓励企业和居民自行发电和利用可再生能源。政策包括提供优惠电价、减免电网接入费用、建立分布式能源示范项目等。

(5)能源管理和能源服务政策

政府鼓励园区建立和实施能源管理体系,促进能源的高效利用和节约。政策包括提供能源管理培训、支持能源服务公司的发展、建立能源监测和评估体系等。

(6)绿色建筑和节能改造政策

政府鼓励园区推广绿色建筑和进行节能改造,提高建筑能源效率。政策包括提供绿色建筑认证支持、鼓励节能改造项目的资金支持等。

（7）能源合作和国际交流政策

政府支持园区开展能源合作和国际交流，吸引国内外能源企业和机构参与园区能源项目。政策包括建立国际能源合作平台、推动能源技术引进和转移、促进国际能源交流等[9,10]。

2.2.1　电价政策

园区的电价政策通常由国家、地方政府以及电力部门制定和执行。具体的园区电价政策可能因地区和园区类型而异。以下是一些常见的园区电价政策。

（1）优惠电价政策

政府可以为园区内的企业和居民提供优惠的电价，以促进园区经济发展和吸引投资。优惠电价可能针对特定行业、高能耗企业或新能源企业等进行设定。

（2）差别化电价政策

政府可以根据用电时间、用电负荷和用电性质等因素制定差别化的电价政策。通过差别化电价，鼓励企业在非高峰时段使用电力，平衡电力供需，提高电力系统的效率。

（3）分时电价政策

政府可以推行分时电价政策，将电价按照不同时间段划分为不同的价格。高峰时段的电价相对较高，而非高峰时段的电价相对较低。这可以激励企业在非高峰时段集中用电，减少负荷峰值。

（4）电力市场化改革政策

政府鼓励园区参与电力市场化改革，推动电力市场的竞争和开放。通过市场化的电力交易机制，使电力价格由市场供需决定，提高电力资源的配置效率。

（5）清洁能源优惠政策

政府可以为园区内的清洁能源项目提供优惠的电价政策。这包括与太阳能、风能、水能等清洁能源相关的发电项目，以鼓励和推动园区的可再生能源发展。

需要注意的是，园区的电价政策可能受到能源政策、经济发展政策、环境政策等的影响，具体的政策内容和实施方式可能因地区和园区类型而异。同时，政府也可能根据实际情况进行调整和优化电价政策。因此，了解特定园区的电价政策，需要参考相关政府部门和电力部门的规定和公告。本书附录给出了 2023 年 6 月份的全国 5 个气候区 12 个城市的电价政策，以供参考。

2.2.2　天然气价格政策

我国针对园区的天然气价格政策主要由国家能源主管部门和地方政府制定

和执行。以下是一些常见的园区天然气价格政策。

（1）天然气价格市场化改革

我国政府推行天然气价格市场化改革,逐步建立起以市场供需为基础的天然气定价机制。通过市场化改革,逐步推进天然气价格的市场化调节,提高资源配置效率。

（2）差别化天然气价格政策

政府可以根据用途、行业、用户类别等因素制定差别化的天然气价格政策。例如,对于园区内的工业企业、居民用户等,可以根据不同用途和用量制定不同的价格标准。

（3）天然气价格优惠政策

政府为鼓励园区内的企业和居民使用天然气,可以提供天然气价格的优惠政策。优惠政策可以包括降低天然气价格、给予补贴或减免费用等。

（4）天然气交易市场建设

政府支持园区内天然气交易市场的建设,鼓励天然气的直接交易和竞争性定价。通过建设天然气交易市场,提高价格的透明度和灵活性,促进园区内天然气的供需平衡和市场发展。

（5）天然气配气价格政策

政府可以针对园区的天然气配气进行价格政策制定。例如,通过合理定价和差别化政策,鼓励园区内的燃气供应企业提供稳定可靠的天然气供应。

需要注意的是,具体的园区天然气价格政策可能因地区和园区类型而异。政府会根据能源需求、市场状况、供需平衡等因素进行调整和优化。因此,了解特定园区的天然气价格政策,需要参考相关政府部门和能源主管机构的规定和公告。

2.2.3　石油产品价格政策

我国针对园区的石油产品价格政策主要由国家发展和改革委员会及地方政府相关部门制定和执行。以下是国内常见的针对园区石油产品价格的政策:

（1）石油产品价格调控机制

我国政府采取石油产品价格调控机制,通过政府定价和调整来维护市场价格稳定。政府会根据市场供需情况、成本变化和国际油价等因素,调整石油产品价格。

（2）稳定性保障政策

政府为保障园区内企业和居民的石油产品供应和价格稳定,可以采取一系列措施,包括建立应急石油储备制度、完善调峰供应体系、加强市场监管等。

（3）燃油税政策

我国政府对石油产品征收燃油税,以调节石油产品的消费和使用。燃油税的税率和征收对象可能根据燃油种类、用途和用户类别等进行差别化设定。

（4）石油产品价格优惠政策

政府可以为园区内的特定行业、企业或居民用户提供石油产品价格的优惠政策,以鼓励和支持相关产业的发展。政策包括降低石油产品价格、给予补贴或减免费用等。

（5）石油加工和储运政策

政府鼓励园区内的石油加工和储运企业的发展,可以通过制定相关政策来支持园区内炼油厂、储运设施的建设和运营。政策包括提供土地和用电优惠、金融支持、政策补贴及奖励等。

需要注意的是,具体的园区石油产品价格政策可能因地区和园区类型而异。政府会根据市场情况、能源需求、供应安全等因素进行调整和优化。因此,了解特定园区的石油产品价格政策,需要参考相关政府部门和能源主管机构的规定和公告。

2.2.4　煤炭价格政策

我国针对园区的煤炭价格政策主要由国家发展和改革委员会及地方政府相关部门制定和执行。以下是一些常见的园区煤炭价格政策。

（1）煤炭价格调控机制

我国政府实行煤炭价格调控机制,通过政府定价和调整来维护市场价格稳定。政府会根据煤炭市场供需情况、成本变化和资源环境等因素,进行煤炭价格的调控和调整。

（2）煤炭价格政策差别化

政府可以根据煤炭的品种、质量、用途和用户类别等因素制定差别化的煤炭价格政策。例如,对于园区内的工业企业和居民用户,可以根据不同用途和用量制定不同的价格标准。

（3）煤炭供应保障政策

政府为保障园区内的煤炭供应和价格稳定,可以采取一系列措施,包括建立煤炭产供销体系、完善煤炭调运体系、加强煤炭市场监管等。

（4）煤炭资源税和费用政策

政府对煤炭征收资源税和费用,以调节煤炭资源的开发和利用。资源税和费用的税率和征收对象可能根据煤炭种类、采矿方式和地区等进行差别化设定。

（5）煤炭清洁利用政策

我国政府鼓励园区内的煤炭企业进行清洁煤炭利用,可以通过制定相关政策来支持煤炭洗选、煤化工、煤电联产等清洁利用项目的发展。政策包括提供补贴和奖励、支持技术改造和环保治理等。

需要注意的是,具体的园区煤炭价格政策可能因地区和园区类型而异。政府会根据市场情况、能源需求、供应安全等因素进行调整和优化。因此,了解特定园区的煤炭价格政策,需要参考相关政府部门和能源主管机构的规定和公告。

2.2.6 能源补贴政策

我国针对园区的能源补贴政策旨在鼓励和支持园区内的能源项目发展,促进能源的可持续利用和绿色发展。以下是一些常见的园区能源补贴政策:

（1）可再生能源补贴政策

我国政府实施了多项可再生能源补贴政策,包括对太阳能、风能、生物能等。园区内的可再生能源项目可以获得补贴,对其提供经济支持和激励,促进其发展。

（2）能源技术创新补贴政策

政府鼓励园区内的能源技术创新和研发,可以提供相应的补贴政策。这包括对能源技术研究、示范项目、技术改造等方面的补贴和支持。

（3）能源效率提升补贴政策

政府支持园区内企业和居民提升能源效率,可以提供能源效率提升补贴。这包括对推广节能设备、改善能源管理、实施节能措施等方面的补贴和奖励。

（4）清洁能源发展补贴政策

政府鼓励园区内的清洁能源发展,包括清洁煤炭利用、低碳能源技术等方面。相关项目可以获得补贴和支持,以促进清洁能源的利用和减少碳排放。

（5）能源供应保障补贴政策

政府为保障园区内的能源供应和安全,可以提供相关补贴政策。例如,对能源供应保障设施的建设和运营提供补贴和支持。

需要注意的是,具体的园区能源补贴政策可能因地区和园区类型而异。政府会根据能源发展目标、政策导向和经济实际情况进行调整和优化。因此,了解特定园区的能源补贴政策,需要参考相关政府部门和能源主管机构的规定和公告。

2.2.7 节能产品价格政策

我国针对园区的节能产品价格政策旨在鼓励和推动园区内的节能产品的采购和使用,促进能源的高效利用和减少能源消耗。以下是一些常见的园区节能产品价格政策。

（1）节能产品价格优惠政策

政府可以通过降低节能产品价格、给予补贴或减免税费等方式，提供节能产品的价格优惠。这可以激励园区内的企业和居民选择节能产品，促进节能技术的应用和推广。

（2）节能产品标准和认证政策

政府要求园区内的节能产品符合相关的节能标准和认证要求。符合标准和认证的产品可以获得政府认可和支持，包括价格优惠和市场准入等方面的政策支持。

（3）节能产品采购政策

政府鼓励园区内的政府机构、企事业单位等采购节能产品，可以通过制定相关政策来推动节能产品的采购。政府采购节能产品可以发挥示范作用，促进市场需求和供应的增加。

（4）节能产品贷款和金融支持政策

政府可以通过金融机构提供低息贷款、担保和贴息等金融支持，鼓励园区内的企业和居民购买节能产品。这可以降低购买成本，促进节能产品的普及和推广。

（5）节能产品宣传和培训政策

政府支持园区内的节能产品宣传和培训活动，提高公众对节能产品的认识和了解。政府可以组织宣传活动、培训课程和展览会等，推动节能产品的市场推广和应用。

需要注意的是，具体的园区节能产品价格政策可能因地区和园区类型而异。政府会根据能源发展目标、政策导向和经济实际情况进行调整和优化。因此，了解特定园区的节能产品价格政策，需要参考相关政府部门和能源主管机构的规定和公告。

参考文献

［1］李伟玮.产业园区建筑设计与城市设计呼应与落实［J］.建筑科技，2022，6（3）：43-45.

［2］聂晶鑫，郑天铭.中国园区型创新城区的阶段、特征与趋势研究［C］//中国城市规划学会.人民城市，规划赋能——2023中国城市规划年会论文集.北京：中国建筑工业出版社，2023.

［3］傅首清.区域创新网络与科技产业生态环境互动机制研究：以中关村海淀科技园区为例

[J].管理世界,2010,(6):8-13,27.

[4] 赵勇健,吕斌,张衔春,等.高技术园区生活性公共设施内容、空间布局特征及借鉴:以日本筑波科学城为例[J].现代城市研究,2015,30(7):39-44.

[5] 张同斌,王千,刘敏.中国高新园区集聚的空间特征与形成机理[J].科研管理,2013,34(7):53-60.

[6] 俞剑光.文化创意产业区与城市空间互动发展研究[D].天津:天津大学,2013.

[7] 黄斌.北京文化创意产业空间演化研究[D].北京:北京大学,2012.

[8] 王佩军.当前园区模式的基本特征、主要类型和发展趋势[J].研究与发展管理,2003,15(2):70-75.

[9] 唐学用,赵卓立,李庆生,等.产业园区综合能源系统形态特征与演化路线[J].南方电网技术,2018,12(3):9-17.

[10] 谭涛,史佳琪,刘阳,等.园区型能源互联网的特征及其能量管理平台关键技术[J].电力建设,2017,38(12):20-30.

第 **3** 章
深圳某国家重点实验室园区概况

3.1　园区性质、位置及气候

3.1.1　园区性质

深圳某国家重点实验室是中央批准成立的突破型、引领型、平台型一体化的网络通信领域新型科研机构。作为国家战略科技力量的重要组成部分,实验室聚焦宽带通信、新型网络、网络智能等国家重大战略任务,以及粤港澳大湾区、中国特色社会主义先行示范区建设的长远目标与重大需求,按照"四个面向"的要求,开展领域内战略性、前瞻性、基础性重大科学问题和关键核心技术研究。

实验室以服务国家和区域发展战略为己任,聚合国内外优质创新资源,建设重大科学基础设施和平台,开展区域性多领域、跨学科、大协同的基础研究和应用基础研究,重点布局网络通信、人工智能和网络空间安全等研究方向,努力引领未来学术方向,推动网络信息产业发展,积极推动粤港澳大湾区打造国际科技创新中心。

实验室以重大基础设施为支撑,以重大攻关项目为核心,探索出"重点项目+基础研究"双轮驱动的特色科研模式;积极推进合作共建与资源共享,构建产学研用金协同创新体系,与全国 150 余家高校、科研机构、龙头企业开展深度合作;与北京大学、清华大学等高校执行联合培养博士生的国家专项计划,开创了兼具各校特色的博士生培养新路径和"书院制"育人新模式。

截至 2018 年年底,实验室已建成网络通信研究中心、人工智能研究中心、网络空间安全研究中心、机器人研究中心共4个研究中心。启动了未来区域网络试验与应用环境、南海立体通信网络示范验证平台、云脑开源平台与智能应用、网络技术仿真验证平台、自主可控生态环境等首批5个科研项目建设。

实验室过渡办公场所位于南山区留仙洞战略性新兴产业总部基地(万科云城),并在西丽湖国际科教城石壁龙片区建设未来园区。

实验室深入学习贯彻党的二十大精神和习近平总书记关于科技创新的重要论述精神,在新的历史阶段,坚决扛起服务国家战略、履行国家使命的责任担当,秉承"交流无障碍、连接无极限、进化无止境"的发展愿景,朝着人类社会、信息空间、物理世界三者和谐共融的未来图景,全力抢占科技制高点、服务国家高水平科技自立自强,努力建设世界一流的战略性科技力量,为我国建设成为世界科技强国作出重大贡献。

3.1.2 园区位置

该国家重点实验室项目总部位于深圳市。该实验室是由深圳市政府出资建设的一个综合性科技创新研究机构,旨在推动科技创新和产业发展。实验室园区由过渡性场地园区、石壁龙永久园区和科学装置园区三部分组成。

1)过渡性场地园区

实验室过渡性场地园区位于南山区留仙洞总部基地,满足过渡时期人员科研办公场地需求(图3.1)。

图3.1 过渡性场地园区

2）永久园区

实验室永久园区位于南山区西丽湖国际科教城石壁龙重点片区。园区一期工程于 2023 年底竣工验收（图 3.2）。

图 3.2　永久园区

3）科学装置园区

科学装置园区位于光明区光明科学城，预计 2025 年建成（图 3.3）。

图 3.3　科学装置园区

3.1.3　园区气候

该国家重点实验室园区所处地理位置的气候属于亚热带季风气候、夏热冬暖气候。深圳市位于广东省南部，毗邻香港，是滨海城市。这里夏季炎热潮湿，冬季温和少雨。夏季平均气温为 28～32 ℃。常年湿度较大，相对湿度通常保持在 70% 以上。

春季温暖宜人，气温为 20～26 ℃，降雨相对较少，适合户外活动。

夏季是深圳最热的季节,高温时多超过 35 ℃,降水较多,多雷雨天气,相对湿度高。

秋季气温迅速下降,气温为 24 ~ 28 ℃,降雨量逐渐减少,是少雨干旱时期。

冬季短暂温和,气温为 15 ~ 21 ℃,偶尔会出现较低的气温,降水稀少。

该国家重点实验室园区所在地受到亚热带季风的影响。夏季时,季风带来大量湿润的空气和降水,多数降水发生在夏季,特别是 6 月至 9 月期间。冬季相对干燥,降雨量较少。春季和秋季是气温适宜的季节,气温为 20 ~ 28 ℃,这两个季节气温的变化较为迅速。因该地所处的深圳市有辽阔的海域连接南海和太平洋,所以这里是台风频发地区之一。每年 7—9 月平均有 3 ~ 4 个热带气旋(台风)影响深圳,带来强风和暴雨。

3.2 园区建筑信息

该国家重点实验室建设按照国家实验室的顶层设计思路,并研究国际知名的国家实验室建设情况,提出要高水平规划,旨在建设成体现国家意志、实现国家使命、代表国家水平的战略科技力量,建设成区域性的跨学科大协同的综合性研究基地。

园区目前已建和在建建筑信息如表 3.1 所示。

表 3.1　深圳某国家重点实验室园区目前已建和在建建筑信息

建筑物	占地面积 （m²）	建筑高度 （m）	层数	建筑面积 （m²）	功能设置
综合楼	3 678	150	31	73 021	科研用房
国际学术 交流中心	5 871	24	2	16 614	大报告厅,国际报告厅,会议厅及配套
3 号宿舍	1 303	99.35	29	36 914	宿舍
4 号宿舍	1 303	99.35	29	36 324	宿舍
研究中心	22 567	59	11	148 255	科研中心,设备用房,数据中心等
活力生活中心	9 943	24	4	26 186	餐厅、食堂、科研用房及配套
地下室 （不含综合管廊）	—	10.5	−2	83 500	停车库、坡道、设备用房等

建筑物	占地面积（m²）	建筑高度（m）	层数	建筑面积（m²）	功能设置
架空层及连廊	—	—	—	15 746	—
合计	44 165	—	—	436 560	—

3.2.1 综合楼

表 3.2 为综合楼建筑信息。

表 3.2 综合楼建筑信息

建筑层数	建筑面积（m²）	层高（m）	功能设置
B1	3 512.17	6	成果展示中心
1F	3 814.8	4.5	大堂、成果演示中心
2F	3 644.2	4.5	科研用房
3F	5 022.6	4.5	科研用房
4F	2 343.35	4.5	科研用房
5～6F	1 986.4	4.5	科研用房
7～9F	1 986.4	4.5	科研用房
10F	1 977.78	5.1	避难层
11～20F	1 977.78	4.5	科研用房
21F	1 977.78	5.1	避难层
22～29F	1 977.78	4.5	科研用房
30～31F	1 977.78	4.5	科研用房
RF	530.48	9	屋面机电
合计	73 310.76	—	—

3.2.2 宿舍楼

宿舍楼拟为引入的核心科研人员、入驻研究生（学生）等提供住宿场地。

1）三号宿舍楼

表3.3为三号宿舍楼建筑信息。

表3.3　三号宿舍楼建筑信息

建筑层数	建筑面积（m²）	层高（m）	功能设置
1F	1 632.05	6	宿舍大堂及邮件收发、活动室、管理用房垃圾收集间
2F	1 632.05	3	架空层室外活动平台
3～29F	1 309.51	3.25	宿舍居室
RF	254.88	9	电梯机房等
合计	38 875.75	—	—

2）四号宿舍楼

表3.4为四号宿舍楼建筑信息。

表3.4　四号宿舍楼建筑信息

建筑层数	建筑面积（m²）	层高（m）	功能设置
1F	1 632.05	6	宿舍大堂及邮件收发、活动室、管理用房垃圾收集间
2F	1 632.05	3	架空层室外活动平台
3～29F	1 309.51	3.25	宿舍居室
RF	254.88	9	电梯机房等
合计	38 875.75	—	—

3.2.3　国际学术交流中心

该国家重点实验室未来将围绕专、精、尖端核心科研技术开展一系列国际交流活动，包括联合研发、海外交流、国际论坛及国际合作等，实验室将定期举办各类学术交流与科研讨论会议。为进一步完善实验室主体及配套功能，规划建设国际学术交流中心。国际学术交流中心将成为中外交流合作的重要载体，极大地促进实验室国际学术团体、科研机构、专家学者在学术、科研领域的交流与互动,促进国际高端人才、科研与深圳产业互动。表 3.5 为国际学术交流中心建筑信息。

表 3.5　国际学术交流中心建筑信息

建筑层数	建筑面积(m²)	层高(m)	功能设置
1F	7 951.6	4.2	报告厅
1F 夹层	2 017	4.5	其他配套房
2F	7 514.6	5.7	主会议厅
2F 夹层	2 803	4.3	其他配套房
RF	488.2	—	—
合计	2 077.44	—	—

3.2.4　研究中心

表 3.6 为研究中心建筑信息。

表 3.6　研究中心建筑信息

建筑层数	建筑面积(m²)	层高(m)	功能设置
B2	0	6	科研用房、连廊、科研展示区、地库
B1	7 086	4.5	科研用房、连廊、科研展示区、地库、数据中心支持用房
1F	16 866	5.4	科研用房、设备用房、连廊、数据中心
2F	13 627	5.4	科研用房、设备用房、连廊
3F	10 897.04	5.4	科研用房、设备用房
4F	14 699	5.4	科研用房、设备用房
5F	13 817	5.4	科研用房、设备用房
6F	13 968	5.4	科研用房、设备用房
7F	14 718	5.4	科研用房、设备用房
8F	13 834	5.4	科研用房、设备用房
9F	13 880	5.4	科研用房、设备用房

续表

建筑层数	建筑面积（m²）	层高（m）	功能设置
10F	9 513	5.4	科研用房、设备用房
11F	4 940	5.4	科研用房、设备用房
RF	564	5.4	科研用房、设备用房
合计	148 409.04	—	—

3.2.5 活力生活中心

活力生活中心主要为核心科研人员、博士、博士后研究人员等提供日常生活活动场地，主要包括食堂、运动、科研等场所。表 3.7 为活力生活中心建筑信息。

表 3.7 活力生活中心建筑信息

建筑层数	建筑面积（m²）	层高（m）	功能设置
B1F	8 945	6	餐厅、食堂、科研用房及配套
1F	10 866.6	6	餐厅、食堂、科研用房及配套
2F	7 620	6	食堂、科研用房及配套
3F	4 949.4	6	食堂、科研用房及配套
4F	731.5	5	机房
合计	33 112.5	—	—

3.2.6 地下室

表 3.8 为地下室详细信息。

表 3.8 地下室建筑信息

建筑层数	建筑面积（m²）	层高（m）	功能设置
−1F	17 903.8	6	—
−2F	65 597.03	4.5	—
合计	83 500	—	—

3.3　科研园区施工管理方法

科技园区的建设全过程一般可分为五个阶段,即前期阶段、开工准备阶段、施工阶段、竣工验收、移交阶段及保修阶段。项目在施工及后续管理的主要工作包括但不限于以下 14 个方面:招标管理、进度管理、质量管理、投资管理、合同管理、变更及签证管理、安全文明施工管理、材料设备管理、项目文件档案管理、工程验收及移交管理、保修管理、建筑信息模型管理、参建单位实名制管理、工程档案数据管理平台构建等。

3.3.1　招标管理

招标管理的主要工作包括招标策划、招标准备、招标文件编写、投标控制价送审备案、招标文件报审上会、招标公告发布、招标文件备案、答疑、招标补遗发布、截标、评标、澄清、定标、中标通知书发放、合同签订等。

招标过程应全面了解工程项目的基本情况,熟悉施工图纸,了解工程的重点、难点及其特殊性,并根据工程项目的实际情况进行招标策划。招标过程需要考虑的因素有合同包划分、招标计划制订、标段划分、招标方案、招标方式等。期望通过招标选择承包单位属性。在提出招标设想后,会同合约预算部门充分征求意见,确定招标主要思路,并编制招标方案。

一般情况下,编制招标方案时需特别注意的事项有:工期设置应以定额工期结合以往项目经验为依据,不宜大幅度压缩工期,如工期压缩较多,应进行充分论证。一般项目材料设备的档次设为 A+B 档,特殊公共建筑的或对工程质量、安全影响较大的材料设备可用 A 档,或量大的材料设备采用 A+B 档,量少的、少数重要部位的材料设备采用 A 档;同时材料设备档次的选择还应视概算情况及询价结果而定,概算偏紧的不宜选用高档材料设备;材料设备品牌档次的选择或增加材料设备品牌的,需要进行讨论论证。招标启动前,应稳定图纸和清单,避免招标过程中因图纸不断变化导致招标工程量清单及控制价不断调整,否则既耽误时间、降低效率,又增加招标风险。在编制招标方案时,在遵守相关法律法规文件的同时使方案具备一定创新性,并充分利用入库企业履约评价资料,以达到择优选择中标人的目标。

3.3.2 进度管理

进度管理的主要工作包括进度计划的编制、进度计划的执行与监督、进度预警、进度计划的调整、工期延长签证管理等。

进度计划的编制一般可以按照工作内容、周期等进行划分。按照工作内容划分一般指在项目实施不同阶段,主要工作计划包括设计进度计划、报建报批计划、招标计划、施工进度计划、设备供应计划、工程验收计划等;按照周期划分一般包括总进度计划、年度进度计划、月度进度计划及周进度计划。年度、月度、周度计划是依据批准的总进度计划进行编制的,旨在满足上一级进度计划的要求。同时还应根据上期计划的完成情况对本期的计划进行必要的调整,实现进度计划的动态控制及调整,确保项目总进度目标的实现。为便于进度计划的执行和监督,应根据项目具体情况进行编制。编制过程包括资料调查收集、确定项目进度目标、明确管理工作任务、进行关键节点间工作任务分解、确定完成每项管理任务需要的工期并整合计划等。

在进度计划的执行与监督中,应根据审批的总进度计划、主要工作计划,找出关键线路、关键工作,并设置关键控制点。在项目实施过程中,需要配合施工参与方每周检查实际进度,并与计划进度进行比较,以确定关键工作、关键控制点是否出现偏差。及时反馈项目进度计划,管理有关信息,关联成果材料,立体多维地展示相应节点。关联信息和成果包括投资计划、支付进度、材料设备供应、质量安全情况、现场图像信息等。同时,需要充分利用进度控制软件及建筑信息模型(BIM)技术,不断地修正、调整、纠偏。其管理工作量大,技术含量高,为此,利用信息技术落实管理,来保障进度控制的工作效率和质量非常有必要。

BIM技术基于3D技术的可视化沟通语言,简单易懂、可视化好、理解一致,能加快沟通效率;基于互联网的BIM技术能建立高效的协同平台,在设计前期进行功能模拟、管线碰撞预测等,避免设计缺陷。参建单位在授权的情况下,可随时随地实现工程数据共享。减少了组织协调问题的同时,BIM技术也减少了协同的时间投入。BIM技术提供强大的管线碰撞检查功能,可减少变更和返工进度损失,亦是进度控制的技术保证。BIM进度模拟则能确保随时随地将项目的各项进度计划与现场实际情况对应,避免进度计划没有操作性、指导性而流于形式的现象。

当实际进度与计划进度相比出现滞后时,需要组织相关单位分析产生偏差的原因,以及对后续工作的影响,并采取切实可行的赶工措施,在规定的时间内消除偏差。同时加强内外协调工作,提前预见并及时解决建设过程中遇到的困难和问题,确保项目顺利推进。常见的制约因素包括部分需求变更、勘察资料误差、施工技术不当、组织协调不力及材料设备影响等。因此,在管理过程中,应预见性地对潜在的制约因素进行分析,针对风险产生的不同原因,采取有效的跟踪措施。

对项目进度计划的调整,一般有两种方法:一是缩短某些工作的持续时间;二是通过改变某些工作的逻辑关系。在实际工程中应根据具体情况选用上述方法进行进度计划的调整,但有时由于进度滞后过多,当采用某种方法进行调整,其可调整的幅度又受到限制时,可以同时利用这两种方法对同一进度计划进行调整,以满足实际目标的要求。

3.3.3 质量管理

质量管理的主要工作包括质量保证体系的监督检查、实名制管理、材料设备的品牌报审及进场验收、第三方巡查、质量检查、成品保护、质量预警、质量问题及事故的处理等。在实际管理过程中应该将不同单位的质量保证体系管理分为开工前审查和施工阶段检查两部分。开工前质量保证审查内容包括各单位质量管理人员的配备及各项制度的制订。施工阶段的质量保证体系检查结合定期质量检查进行,重点对到岗履职、质量管理制度落实、技术交底、样板引路、质保资料等进行检查。

在开展质量检查时,一般采用日常巡查和定期检查相结合的方式,其中定期检查一般每月不少于两次。包括对各主要工作面进行巡查,同时根据施工情况随机取点实测实量等内容。在不同的项目中。除此以外,部分园区项目管理过程中还会围绕项目实施进度增加第三方巡查、第三方检测、样板管理及合同履约情况等质量评价与管理措施。

当发现项目实施过程的质量问题时,一般需要制定针对项目质量的分级预警机制,并根据问题进行质量问题评估。对于已发现的质量问题需要根据相关法规及合同约定进行处理,对小范围偶发问题可进行流程简化,以避免影响项目进度。

3.3.4 投资管理

投资管理的主要工作包括决策阶段的投资估算;设计阶段的设计概算、概算分解、限额设计;招标阶段的施工图预算、招标文件商务条款确定;施工阶段的工程变更商务管理、工程款管理、投资预警;工程结算及竣工决算等。

对于决策阶段的投资管理,一般对拟建项目在经济上是否可行进行分析论证和评价,组织相关单位编制投资估算,收集和研究类似项目经济指标等基础资料。在投资估算编制完成后,需要组织相关单位进行审核,并对投资估算进行终审,必要时需要组织召开专家预评审会(包括外请专家),在参考同类工程经济指标的同时充分考虑项目特点,确保投资估算全面、合理、准确。后续需要依据批准投资估算控制初步设计,进行方案比选、优化设计等工作。

在后续的设计各阶段均需进行限额设计,方案设计或初步设计需要以相关部门批复可行性研究报告中的建安工程投资作为限额设计的依据。一般设计单位依据批复的可行性研究报告和投资估算进行初步设计,并编制项目设计总概算,其中设计总概算应当包括项目建设所需的一切费用。与决策阶段的投资管理类似,设计阶段的概算编制也需要在参考同类工程经济指标的同时充分考虑项目特点,确保设计概算全面、合理、准确。

在招标阶段,其预算一般不得超过批复概算,同时需要尽早开展招标文件编制工作,对与工程造价管理密切相关的事项,如承包范围及界面划分、合同计价方式的选择、投标报价规定应重点关注,应根据工程实际情况对措施费项目进行补充完善。工程量清单、预算一般需要委托相关单位进行编制。其中,编制过程中的工程量清单应当准确,尤其是项目特征描述、单位、工程量;工程量清单需经全过程参与单位、各专业工程师、造价师等人员评审后,才可进行工作。

在施工阶段,一般需要设立投资预警机制,当工程投资出现超概算风险时需要对风险进行充分评估并进行相应的管理。在实施阶段,项目组应定期评估材料价格波动对投资的影响,以及是否存在超投资的风险,及时处理各类有关工程造价的事宜(包括各种索赔)等。

3.3.5 合同管理

合同管理的主要工作包括合同文本编制、合同文本接收、合同审批和签订、合同归档、合同管理台账建立、合同完成情况统计、合同履约评价、不良行为处理等。合同类型包括施工合同、采购合同、服务合同、设计采购施工总承包(EPC、DB)合同、代建合同以及其他合同。一般而言,合同文本应选用国家、行业通用合同标准文本。一般合同文本的部分内容由合同需要根据项目实际情况修订或新增;重大合同文本需由法律顾问起草。

3.3.6 变更及签证管理

变更及签证管理一般包括因工程变更及现场签证引起的技术审批、费用审批、工期审批等工作。

对于园区项目工程变更,需要制定管理办法及实施细则,明确适用范围、工程变更定义及分类、工程变更审批等内容。基于相关合同文件,对工程变更及现场签证引起的技术审批、费用审批、工期审批等进行合规性审核,清晰阐述审核意见。在工程施工招标并签订施工合同后,对比招标图纸,所涉及设计调整的事项包括图纸会审、施工联系单、设计洽商单等。涉及结构安全、强制性标准的工程变更,需要由相关机构审查后进行实施。

需要现场签证的主要包括四类:一是因设计变更引起的且在竣工图纸中无法反映的返工工程;二是在施工过程中,现场施工条件变化、地下状况等不可预见原因,导致工程量或费用增减,此类签证应特别注意该项工程量或费用在合同中是否约定包干或不可预见风险由承包人承担;三是合同规定需实测工程量的工作项目;四是现场组织活动需由相关单位临时配合实施的工作。在实际项目中应从严控制现场签证,能够采用设计变更形式的工作内容不得采用现场签证形式。现场签证工程量应事前确认,由参与单位共同在现场核实工程量,必要时还需设计、勘察人员一起参与签证工程量确认,并留下全面充分的影像资料。

在实际签证管理中,现场签证要尽可能以签认工程量的形式进行,在工程量确实无法计量的情况下可采用机械台班、计日工等方式进行签证,不得以直接签认金额的方式进行签证。现场签证单的工程量描述应全面、准确,满足计价要求。

3.3.7　安全文明施工管理

安全文明施工管理主要包括安全教育、安全生产保证体系、安全应急预案监管、安全专项方案和措施检查、安全文明施工标准化及第三方巡查、安全文明施工检查、重大节日安全工作、灾害性天气防御、安全文明施工措施费监管、安全应急预案、生产安全事故处理、智慧工地安全管理等。

需要定期进行安全生产、文明施工宣传教育工作。施工现场设置安全宣传栏、张贴安全知识贴画,并利用信息化手段普及、宣传安全知识,营造良好的安全生产、文明施工氛围,编制相应安全应急预案,并对安全应急预案进行评审和演练,确保安全应急预案切实可行。对于部分危险性较大的工程,需要执行相应的专项方案与措施,明确安全专项方案编制内容及专家论证程序。超过一定规模的危险性较大的分部分项工程专项方案需要进行相应的专家论证。

在进行项目施工管理过程中,一般需要推进智慧工地安全管理措施,需要督促监理、施工单位制定智慧工地专项方案和措施,明确智慧工地安全专项方案编制内容。落实视频监控系统、车牌识别系统、塔吊监测、升降机监测、实名制闸机、用电监测、环境监测等智慧工地硬件等设备的应用。

3.3.8　材料设备管理

材料设备管理主要包括材料设备参考品牌、参数技术要求及施工现场的材料设备管理。在招标文件编制阶段,需要明确文件中的材料设备参考品牌及参数技术要求。要验收重要机电设备及永久设备的临时使用需求。对于采用新材料、新技术、超常规施工工艺及施工措施方案的专项工程,需要开展专业评审会。

在现场管理过程中,需要对材料及设备进场进行验收与管理,确保进场材料及设备符合合同要求及质量标准。同时,设备监造应按照招标文件和供货合同要求进行,监造时间也需要根据现场实际情况确定。

3.3.9 项目文件档案管理

项目文件档案管理主要包括项目前期文件的管理、项目建设过程的文件资料管理、项目竣工阶段及验收后的文件归档管理等。在项目前期工作阶段,应对照档案归档目录并结合前期工作流程收集相关前期文件,在项目接收后产生的文件原件一般需要定期进行整理归档。在实际项目实施过程中,对于部分文件,包括项目设计文件、设计变更文件、设备资料及施工现场影像资料等,一般需要特别重视。

3.3.10 工程验收及移交管理

工程验收及移交管理相关工作主要包括中间验收、专项验收、初步验收、竣工验收、《房屋建筑使用手册》编写、项目竣工移交、工程结算及财务决算等。

工程验收包括中间验收、专项验收、初步验收、竣工验收。中间验收主要包括基坑及边坡支护、桩基工程、地基与基础工程、主体结构、钢结构、幕墙工程、建筑节能工程、防水工程,以及工程样板等验收。专项验收包括消防验收、电梯验收、燃气验收、建筑节能验收、雷电防护装置验收、高低压变配电及 10 kV 外线系统验收、人防验收、环保验收、规划验收、档案资料验收以及机电专业工程专项验收等。机电专业包含给水排水、通风空调、建筑电气、建筑智能化等内容。

为便于使用单位了解项目的基本情况,保证工程竣工移交后正常安全使用,工程竣工阶段一般需要编写《房屋建筑使用手册》。《房屋建筑使用手册》内容应包括项目概况、日常的使用维保方法、注意事项、常见问题及解决办法、各专业施工单位施工保修范围、保修责任人联系方式、保修时限等。

在工程项目经竣工验收合格后,应及时向接收(使用)单位办理工程移交。工程移交包括工程实物移交、工程资料移交和资产移交。移交查验中发现的问题,一般需要在整改完成后由各参与方书面确认,并将移交查验记录、培训记录、使用说明书等资料进行归档处理。工程竣工后,应及时开展结算工作,并在竣工结算后申请项目验收。

3.3.11　保修管理

保修管理主要包括保修工作管理、保修金返还管理、工程项目总结及后评价等。保修期管理主要包括房屋建筑工程质量保修和保修金返还管理。其中,房屋建筑工程质量保修是指对房屋建筑工程竣工验收后在保修期内出现的质量缺陷予以修复。房屋建筑工程的保修应由设计、施工、监理单位和材料设备供应商等单位依据法律法规及合同约定进行。

工程竣工移交后进入工程保修阶段需要相关单位指导和督促工程部门进行保修管理工作。同时,需要制定相应质量保修方案,在竣工验收合格后进行保修工作并及时处理质量缺陷问题。在项目结束后需要进行相应的质量回访工作以保证项目的长期有效运行。在工程竣工移交后,需要编制工程项目管理总结评价报告,对项目实施管理工作进行总结评价。

3.3.12　建筑信息模型管理

建筑信息模型管理涉及项目管理的全过程,具有涉及内容广、阶段全覆盖、技术更新快等特点。作为建筑业的新技术管理手段,BIM 技术需要结合项目实际的管理内容,确保落地实施应用,亦不可做成单独的业务板块进行管理,通过 BIM 手段辅助进行项目实施管理能够极大地提高管理效率。其主要工作包括前期 BIM 策划管理、招标阶段 BIM 管理、设计阶段 BIM 管理、施工阶段 BIM 管理、运维准备阶段 BIM 管理。

BIM 综合管理一般包含 BIM 实施应用点总体策划、BIM 工作界面划分、BIM 实施资源管理、基于 BIM 的汇报管理等。首先,需要各方协调 BIM 文件的确认、技术方案确认、规则核定与确认,以及相应的监督执行机制。在园区项目的执行过程中,需要第三方咨询管理单位开展 BIM 实施应用总体策划,总体策划需按照阶段进行,分为设计阶段、施工阶段、运维阶段,各阶段 BIM 实施应用策划内容统一整合成 BIM 实施应用总体策划方案。BIM 设计、施工实施应用策划内容应参照相关 BIM 标准,根据园区项目的特点和需求进行编制。为保证各阶段实施的连贯性,需在总体策划方案中描述阶段过渡衔接措施,例如设计阶段到施工阶段模型的过渡衔接策划,既可满足设计阶段的模型标准,又可将模型过渡至施工阶段,把因工艺不同导致模型利用率不高的问题从施工深化的角度进行完善。在项目实施过程中,BIM 实施资源管理需由项目各参建单位的 BIM 团队完成,包括软硬件环境及标准文件的配置管理。专人、专职的 BIM 实施团队是保障 BIM 实施的必要条件。根据项目的大小及 BIM 工作量组建项目 BIM 工作小组,确定组织框架,由项目管理单位搜集所有 BIM 人员信息,搭建 BIM 小组整体框架。同时,需要根据项目特点及需求,要求项目管理单位确定模型协同工作机制。模型协同工作机制需满足但不限于各参建方均参与工作,各参建方及各专业工作空间不重叠,且各参建方分配相应的角色和权利,管理各参建方的模型权限等要求。

在软硬件资源管理方面,根据项目需要及复杂程度,确定实施软件厂商。软件按照应用类型分为模型创建软件、模型浏览软件、协同管理软件三大类。同时根据项目工期、软件使用周期等因素确定实施软件版本,且需要考虑项目的整个应用周期。硬件资源包括计算资源、网络资源和存储资源。计算资源是指 BIM 实施过程中 BIM 模型创建与应用的计算设备,主要指工作站和移动工作站。工作站用于 BIM 模型创建、效果渲染、动画模拟等图形计算处理。可根据项目的体量大小及 BIM 应用特点酌情购置项目专用工作站及移动工作站,其规模一般需与 BMI 小组规模相符并配置与项目实际需求相匹配的网络资源及储存资源。

在 BMI 的应用过程中,需要对施工方进行相应的技术交底,确保设计模型的顺利过渡,从而避免关键施工工艺的差错。同时在项目竣工移交时,需要推动竣工模型文件向运维阶段沿用。还需将 BMI 过程文件进行归档管理并形成相应的数字化资产。

BIM 招标管理是 BIM 项目管理中一个重要环节,BIM 招标管理主要是对设计单位、施工单位、BIM 咨询单位、监理单位、造价咨询单位等的招标文件的管理,包括 BIM 技术要求、BIM 通用及特殊条款编制的管理。在招标前,需要将招标的工作内容清单梳理完成,针对项目的特殊应用点进行整理汇总,明确招标文件中 BIM 工作的实施范围、工作内容清单、成果交付数量、类型与形式等。同时应按照 BIM 取费标准或指导意见,将 BIM 技术费用单独列支在招标总价中。

在设计阶段,需要根据项目 BIM 实施应用点进行总体策划。需要设计相关单位共同完成工程项目管理平台安装与部署;并对设计阶段中的 BIM 管理平台的使用进行评估与检查。相关平台及软件资源的培训需要根据项目需求按需展开。在设计过程中,依据项目设计招标文件、设计任务书、工务署或项目组提出的设计节点,按深度要求完成 BIM 模型成果创建与应用分析,设计各专业模型均应考虑后续算量、施工要求,严格按照 BIM 建模标准进行创建。设计模型应以专项应用为导向,根据设计阶段的 BIM 技术专项应用确定设计 BIM 模型清单,其中包含方案设计、初步设计、施工图设计阶段的 BIM 实施应用点,及其对应的专项 BIM 设计规范、实施主体与管理主体等详细内容。

在设计阶段的 BIM 模型审核中,除了需要审核内容、格式、精度需求、模型匹配度、应用条件及阶段匹配度,还需要围绕不同专业进行审核。对于建筑专业,要求楼梯间、电梯间、管井、楼梯、空调机房、泵房、管廊尺寸和天花板高度等定位准确,模型构件应按层拆分、楼板分区应按后浇带拆分等;对于结构专业,梁、板、柱的截面尺寸与定位尺寸须与图纸一致,管廊内梁底标高需要与设计要求一致;对于暖通专业,影响管线综合的一些设备、末端,如风机盘管、风口等,须按图纸要求建出;暖通水系统建模要求同水专业建模要求一致,等等。

在 BIM 设计成果应用实施前,需要确认设计的 BIM 模型、图纸及相关数据与应用要求及条件的匹配度。发布的成果包括但不限于碰撞检查报告、管线综合报告、净空分析报告、明细表、性能化分析报告等。在 BIM 应用实施前,需要建立 BIM 应用实施效果的评价体系或评估方法。评估内容主要包括四个方面:应用策划方案的可行性与先进性、应用成果的规范性、应用过程中发现的问题与需要改进的内容,以及应用流程与传统工作流程的兼容性。最后,在进度管理方面,需要基于进度计划与实际情况编制设计阶段的进度控制报告并归档管理。

在施工阶段,一般需要结合目前 BIM 技术在各个单位的实际应用情况进行分析,总结出"以 BIM 技术解决技术问题为先导、以 BIM 技术辅导现场施工为最终原则、全面提升项目精细化管理"的服务目标,确保项目中 BIM 技术能落地。

在施工应用前,需要依据接收的 BIM 基准模型进行检查反馈,并根据项目实际需求及标准要求编制施工过程中的"BIM 模型要求文件"。在施工过程中,需要按照 BIM 建模标准结合后续的算量、施工实际要求等进行创建。项目施工过程中需要根据施工范围、工作内容,沿用设计单位的 BIM 基准模型,根据现场实际情况结合施工 BIM 实施方案相关文件中的应用点内容以及设计变更情况进行施工标准模型的创建并跟踪落实。同时,根据各 BIM 应用点相关规范及相应的应用点策划文件深化施工 BIM 标准模型为施工 BIM 专业模型。当发生设计变更时,应同步更新施工 BIM 模型。

在施工过程中,需要根据施工进度计划及现场实际情况审核施工模型进度计划,并控制各施工 BIM 模型建立的进度。比较进度计划值与实际值,编制相应阶段的进度控制报告。对于实际应用,根据项目实际情况可修改进度计划,并控制其执行。项目前期需要利用碰撞检查、管线综合及施工工序模拟等 BIM 技术,以保证图纸和施工的质量,以避免返工和拖延进度,从而确保进度计划的正常执行。同时各方可在 BIM 管理平台中进行进度计划的上报与反馈,减少线下作业。进一步地,可以通过 BIM 管理平台,实时监控实际进度计划,并与计划进度对比,以确定是否存在进度偏差。进度把控方面,可以在 BIM 管理平台中设置进度预警机制,由平台根据现场实际进度自动启动预警机制以控制施工进度并进行动态进度计划优化。最后,利用施工进度管控模型管理,可明确各方的工作范围,加强沟通协调,以缩短工期。在施工阶段,可以结合虚拟现实(VR)技术,对现场施工的技术细节进行监控,并对施工安全问题进行预警。

对于运维阶段前期的 BIM 模型管理,在施工过程中各参建单位创建的同现场施工实体一致的各阶段性交付模型统称为施工 BIM 完工模型。施工 BIM 竣工模型是由总承包单位将建设项目的各单项工程完工模型在统一坐标系下经过对位、整合,并添加竣工验收及运维对接相关信息,形成的综合 BIM 模型。

首先,需要由施工总承包单位负责在完工模型基础上创建施工 BIM 竣工模型。考虑到全专业整合模型数据量过大的情况,模型文件可按照单项工程进行分类。施工 BIM 竣工模型应与施工交付实体、竣工图保持一致,专业齐全、内容完整,保证模型的准确性、可扩展性、可追溯性。项目竣工验收阶段需要单独录入模型的信息,包括设备厂家、设备安装及时间有效性、设备维保信息、空间管理信息等有效信息,信息相关内容应满足国家相关规范规定,并应能支持实时控制系统的监视与远程营运管理,满足运维阶段对设施、安全、空间、应急等方面管理的要求。

项目竣工验收阶段产生需要单独录入模型的信息,信息采集录入、管理与使用能通过工程管理平台实现的,宜通过工程管理平台实现,保证信息的独立性、完整性。同时将分散的竣工模型整合成完整的竣工模型,审核合格后,编制竣工 BIM 成果清单,并归档相应的 BIM 模型及竣工验收资料。最后,需要对 BIM 实施工作进行评价,评价内容包括模型、报告等,并编制竣工 BIM 履约评价报告。

3.3.13 参建单位实名制管理

参建单位实名制管理主要包括记录人员到场、考勤情况等信息,实现建设项目组织化管理、人员到岗履职管理,以及廉政风险防控的管理制度。电子签到是指参建单位管理人员通过人脸识别系统进行签到。参建单位人员到达项目现场参加会议,进行检查、协调及现场管理等工作时,应先进行人脸扫描电子签到,其签到记录将作为管理人员到岗与出勤考核的重要依据。对于项目的人员变更,需要进行实名系统的更新。

3.3.14 工程档案数据管理平台

工程档案数据管理平台 EIM 查阅端主要分为 PC 查阅端和手机查阅端,其中 PC 查阅端可查看项目地图、项目概况、项目照片、合同台账、支付台账,变更报审、参建单位信息以及工程文件。EIM 系统可以将所有项目过程中产生的工程结果数据同步在平台上全痕迹记录下来,做到数据管理日常化,日常管理数据化;同时全痕迹记录是按照项目的业务规则采集的,确保形成的数据、真实、及时、有效、规范且形成体系;继而可以实时产生反映项目投资、进度、质量和安全状况的汇总数据,辅助管理人员决策,提升管理效益;平台数据可直接用于项目变更、支付、结算,加快变更、支付及结算速度;最后利用组卷文件整理规则快速形成电子化竣工档案,实体只需一一对应,大幅简化实体档案整编流程。

第4章
柔性用能分析

　　建筑空调系统是建筑物中最重要的能耗设备之一,也是影响建筑物舒适度和室内环境质量的关键因素。随着我国经济社会的快速发展,建筑物的数量和规模不断增加,建筑空调系统的需求和用电量也呈现出快速增长的趋势。不断增大的空调系统用电负荷造成季节性电网尖峰负荷及峰谷差持续增大,在部分城市空调负荷已经可以占到城市电力系统负荷的 30% 以上[1]。这给我国能源供需形势和电力系统运行稳定性都带来了巨大的挑战。

　　通过对以空调系统为代表的建筑末端设备实施柔性用能策略可以达到缓解能源压力和保障电力安全的目的。柔性用能也被称为能源灵活性,指建筑利用自身的设备条件通过用能侧管理实现对供能侧的响应[2]。通过对空调系统用能的灵活性管理可以提高能源供应稳定性以及减少不可再生能源的使用[3]。

　　柔性用能的实现可以通过多种方式,包括需求响应、能量存储与释放、能效优化等。需求响应是指建筑在电力系统需要时主动降低或调整能源需求,以协助平衡供需矛盾[4,5]。能量存储与释放策略涉及在低负荷时存储能量,高负荷时释放能量,以减轻系统的压力。而能效优化则通过提高建筑设备的能效水平,达到在较低能源消耗下满足舒适度需求的目标。目前,对空调系统柔性用能的控制策略主要包括基于空调系统运行设置的控制和基于建筑蓄热蓄冷性能的能量存储与释放调节,其中预冷是一种经典的控制策略[6]。例如,通过末端设置温度的需求响应控制策略,可以显著减少空调电负荷并取得良好的削峰效果[7]。同时,对空调系统的短期运行强度调节也可以实现夏季高峰负荷的转移效果[8]。

　　空调系统柔性用能的控制策略在不同案例和建筑朝向下的调节效果存在差异[9]。建筑本身的形体特征和朝向情况对空调系统运行能耗有着显著的影响[10]。为了更好地理解和优化柔性用能策略,本章基于不同建筑类型(办公建筑和商业建筑)、气候条件和城市(寒冷——北京、夏热冬冷——重庆、夏热冬暖——深圳),以深圳某国家重点实验室园区某建筑为模型,采用能耗模拟方法,结合室内人员舒适度,对温度调节、部分时空关闭和预冷策略进行了柔性用能效果的比较和分析。通过深入研究这些策略在实际建筑环境中的应用,为制定更具体和实用的建筑空调系统柔性用能策略提供有力支持。

4.1　测试平台及方法简介

建筑能耗模拟软件是研究建筑能耗特性的工具。本章选用目前全球较为通用的 EnergyPlus 及 OpenStudio 平台进行模拟。

EnergyPlus 是由美国能源部和劳伦斯·伯克利国家实验室共同开发的一款建筑能耗模拟软件,侧重于基于建筑的物理结构、内部热源(人、设备)以及较详细的暖通空调系统设置和气象参数对建筑的冷热负荷进行计算并得到各个环节的负荷与耗能量,能够输出各项非常详细的数据用于后续的分析比较。

OpenStudio 是在美国可再生能源实验室领导下开发的建筑能耗模拟软件。OpenStudio 使用 EnergyPlus 作为能耗模拟计算的核心,也可以将 OpenStudio 视为 EnergyPlus 的一种可视化用户界面。通过 OpenStudio 的 Sketchup 或者其他建模插件完成建筑模型的建立与参数输入并使用其 EnergyPlus 核心进行能耗模拟。

对于评估建筑柔性用能策略的指标,Lu 等人[11]对用能量的调节效果主要总结了峰值负荷削减、填谷负荷引入及总用能削减。基于现有的柔性用能及能源利用灵活性相关研究的方法和内容,除了负荷及总能耗,同时采用峰值时间作为评估指标,即建筑能源使用的三个基本物理量:峰值出现时间、峰值负荷以及每日总能耗;并采用反映以上三个物理量调节效果的指标:峰值出现时间提前量、峰值负荷削减率以及每日总能耗削减率。

峰值出现时间指每天空调系统运行总体电负荷峰值出现的时间,峰值出现时间提前量如式(1)所示。

$$\Delta T = T_{base} - T_{flexibility} \tag{1}$$

式(1)中,T_{base} 和 $T_{flexibility}$ 分布为基准情况及柔性用能方案下的峰值出现时间,ΔT 为峰值出现时间提前量。

峰值负荷指每天空调系统运行总体电负荷的峰值,峰值负荷削减率 ΔP 如式(2)所示。

$$\Delta P = \frac{P_{\text{base}} - P_{\text{flexibility}}}{P_{\text{base}}} \times 100\% \qquad (2)$$

式（2）中，P_{base} 和 $P_{\text{flexibility}}$ 分别为基准情况及柔性用能方案下的峰值负荷，ΔP 为峰值负荷削减率。

每日总能耗指每天空调系统全天运行总耗电量，得到峰值负荷削减率如式（3）所示。

$$\Delta E = \frac{E_{\text{base}} - E_{\text{flexibility}}}{E_{\text{base}}} \times 100\% \qquad (3)$$

式（3）中，E_{base} 和 $E_{\text{flexibility}}$ 分别为基准情况及柔性用能方案下的峰值负荷，ΔE 为每日总能耗削减率[12,13]。

4.2 模拟参数

4.2.1 建筑信息

选取某办公建筑作为模型建筑。办公建筑为高 27 层的塔楼建筑，其中总空调作用面积为 40 068 m²。建筑模型与平面图如图 4.1 所示。出于方便模型建立与模拟的目的，对建筑平面结构进行了少量简化。建筑空调作用区域被拆分成了8 个分区，各朝向对应两个分区。建筑人员密度设置为 0.1 人/m²，照明、电器设备功率密度分别为 9.8 W/m²。

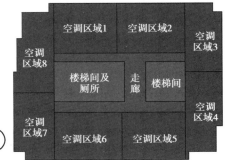

图 4.1 办公建筑模型与平面图

商业建筑总高 4 层,层高 6 m,空调总作用面积为 9 059 m²。建筑模型如图 4.2 所示。建筑人员密度设置为 0.8 人/m²,照明功率密度为 9 W/m²,电器设备功率密度为 13 W/m²。

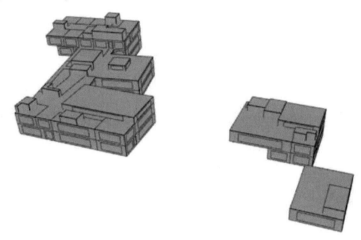

图 4.2　商业建筑模型

4.2.2　建筑运行参数

本小节参照《建筑节能与可再生能源利用通用规范》(GB 55015—2021)中的规定对该办公建筑的运行作息进行设置,利用综合使用率[14]及人员在室率指标计算整体能耗强度。在室率、照明与电气设备逐时使用强度如图 4.3 所示。

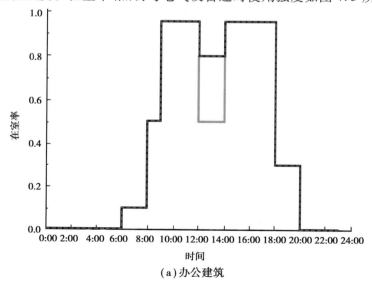

(a)办公建筑

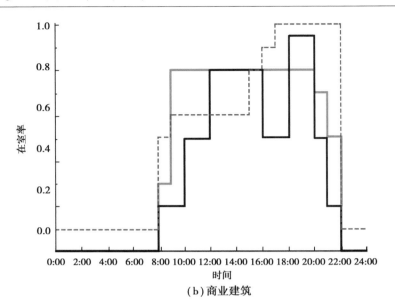

（b）商业建筑

图4.3　建筑逐时作息图

——在室率-----照明使用率——电气设备使用率

4.2.3　空调系统柔性调控方案

多项研究表明了空调系统的柔性调控潜力,其中主要的调控措施包括"温度调节""部分时空关闭"及"预冷调节"。一般采用多种方案组合实现用能峰值时间转移及峰值符合削减的柔性用能目的,从而动态满足区域能源系统的"柔性需求"。但是,相关研究指出在进行柔性调节的过程中需要考虑人员的舒适度需求[15]。故本小节在进行柔性调控潜力的评估过程中,充分考虑了人员的舒适度需求。具体柔性调控方案按照不同建筑类型、气候区和城市划分如下[16]。

1）北京（寒冷气候区）办公建筑

具体空调系统柔性调控方案如表4.1所示。其中基准运行情况下空调系统运行时间是7:00—18:00,四种柔性用能方案都是对完整运行时间范围内的调节。温度调节策略,在26 ℃的基准空调设置温度下,在7:00—18:00 运行时间内调高空调设置温度1~2 ℃,使用27 ℃、28 ℃的空调设置温度。部分时空关闭策略采用基于朝向的部分关闭法,在7:00—18:00 运行时间内关闭西侧两个空调分区中的一个分区,减少空调系统的作用面积。预冷策略在7:00—13:00 运行时间段设定为24 ℃,在用电高峰期13:00—18:00 设定为28 ℃以评估其在用能高峰期的柔性调控潜力。

表 4.1　北京某办公建筑空调系统柔性用能方案逐时设置

时间段	空调设置温度（℃）				
	基准	调高 1 ℃	调高 2 ℃	西侧部分关闭	预冷
7:00 之前	—	—	—		—
8:00—9:00	26	27	28		24
9:00—10:00	26	27	28		24
10:00—11:00	26	27	28		24
11:00—12:00	26	27	28		24
12:00—13:00	26	27	28	—	24
13:00—14:00	26	27	28		28
14:00—15:00	26	27	28		28
15:00—16:00	26	27	28		28
16:00—17:00	26	27	28		28
17:00—18:00	26	27	28		28
18:00 之后	—	—	—		—

2）重庆（夏热冬冷）办公建筑：

具体空调系统柔性调控方案如表 4.2 所示。其中预冷调控策略为,在 7:00—13:00 时间段设定为 24 ℃,在用电高峰期（13:00—18:00）设定为 28 ℃ 以评估其在用能高峰期的柔性调控潜力。温度适度调控策略为,在 7:00—13:00 时间段设定为 26 ℃,同时在用电高峰时期设定为 28 ℃。部分空间关机期间,7:00—13:00 时间段设定为 26 ℃,同时在用能高峰时期主动关闭西侧 50% 的空调系统以释放最不利环境营造条件的柔性潜力。

表 4.2　重庆某办公建筑空调系统柔性用能方案逐时设置

柔性调控策略	7:00—13:00	13:00—18:00（用电高峰时期）
预冷	24 ℃	28 ℃
温度调控	26 ℃	28 ℃
部分空间关机	26 ℃	关机

3）深圳（夏热冬暖）办公建筑和商业建筑：

具体空调系统柔性调控方案如表 4.3 所示。在 26 ℃ 的基准空调设置温度下，通过调温方法（空调设置温度调高 1 ~ 2 ℃）以及基于朝向的部分关闭方法（西侧部分房间关闭）作为空调柔性用能方案。基准运行情况下空调系统运行时间是 7:00—18:00，三种柔性用能方案都是对完整运行时间范围内的调节。调高 1 ℃ 和调高 2 ℃ 方案在 7:00—18:00 的运行时间内全部使用 27 ℃、28 ℃ 的空调设置温度，分别比 26 ℃ 的基准设置温度高 1 ℃ 和 2 ℃；西侧部分关闭方案则是在 7:00—18:00 的运行时间内将西侧两个空调分区中的一个关闭，减少空调系统的作用面积。

表 4.3　深圳某办公建筑和商业建筑空调系统柔性用能方案逐时设置

时间段	空调设置温度（℃）			
	基准	调高 1 ℃	调高 2 ℃	西侧部分关闭
7:00 之前	—	—	—	
8:00—9:00	26	27	28	
9:00—10:00	26	27	28	
10:00—11:00	26	27	28	
11:00—12:00	26	27	28	
12:00—13:00	26	27	28	
13:00—14:00	26	27	28	—
14:00—15:00	26	27	28	
15:00—16:00	26	27	28	
16:00—17:00	26	27	28	
17:00—18:00	26	27	28	
18:00 之后	—	—	—	

除每日全部空调运行时段的总体调节效果分析外，为了分析办公建筑与商业建筑作息规律的差异对调节效果的影响，将每天的空调运行时段分为三个时间范围进行分析（表 4.4）。

表 4.4　各时段时间范围

时段	上午	下午	夜间
时间范围	14:00 前	14:00—18:00	18:00 后

办公建筑具有低于商业建筑的人员密度及照明单位面积负荷,单位面积电器设备负荷则略高于商业建筑。总体而言,办公建筑内扰负荷水平略低于商业建筑。

办公建筑建筑结构更规则、统一,建筑功能区域统一。而商业建筑建筑形式与内部业态均更加复杂和丰富。因此对西侧部分关闭方案,办公建筑能够实现规则的西侧房间统一关闭,而商业建筑因为更复杂的房间平面布置,在西侧房间的选取和控制上更不易实现。

建筑人员作息方面,办公建筑在其工作时间内具有均衡的人员分布与活动,仅在开始、结束与中午存在更低的在室率。商业建筑则在中午及傍晚存在明显的峰值,且运行时间持续到夜间较晚时间。两种建筑类型在 14:00—18:00 的下午时段均存在使用强度高峰;而办公建筑在 18:00 之后的夜间时段使用强度大幅降低至关闭,商业建筑则会出现全天的最高使用强度。

4.3　北京办公建筑柔性调节效果分析

4.3.1　峰值出现时间

在峰值出现时间方面,各类调控措施的柔性调控潜力结果如图 4.4 所示,峰值时间主要分布在 15:00—16:00。四种调节方案均出现了峰值出现时间明显提前的现象,主要分布区间转移到了 15:00 之前,其中 12:00 之前的比例大幅增加,温度调高 1 ℃和预冷策略的峰值提前效果更为显著。

从图 4.5 逐日峰值出现时间提前值角度来看,温度调节方案和部分时空关闭方案在峰值出现时间的影响上存在小幅延后现象,且部分天数出现接近 2 小时的延后,以调高 1 ℃方案最为明显。预冷方案下峰值出现时间平均提前 3 小时 47 分钟,西侧部分关闭方案下峰值出现时间平均提前 2 小时 6 分钟,其中部分日期出现高达 7~9 小时的峰值提前。出现上述现象的原因为:①空调系统在预冷时通常需要运行更长时间,以便在高峰期达到更低的室内温度。在这个过程中,空调系统可能会以更高的功率运行,尤其是在启动阶段,从而导致用电峰值提前。②预冷可能会影响建筑物的热惯性,即建筑物在预冷后需要更长的时间才能达到高效工作温度。这可能导致空调系统需要更多的能量,从而提前出现用电峰值。③当西侧房间关闭后,东侧房间在总负荷中的占比增加,且东侧房间主要在上午受到太阳辐射直射,其峰值负荷出现时间更早,造成总体峰值负荷时间提前。

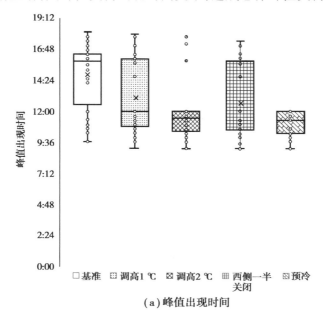

(a)峰值出现时间

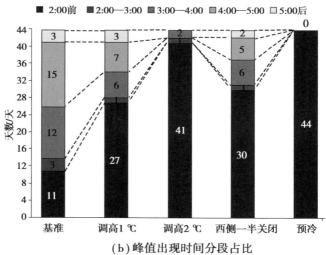

(b)峰值出现时间分段占比

图4.4　峰值出现时间分布

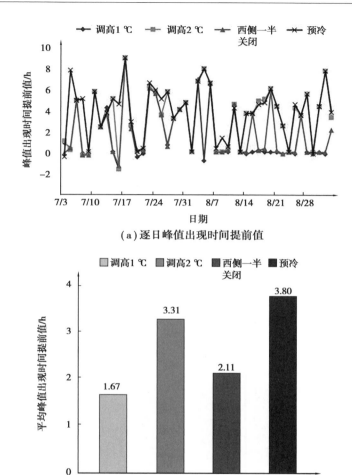

（a）逐日峰值出现时间提前值

（b）平均峰值出现时间提前值

图 4.5　峰值出现时间逐日情况

4.3.2　峰值负荷结果

　　四种调控方案的峰值负荷结果如图 4.6 所示。空调设置温度和空调使用面积是影响空调负荷的两个重要因素,峰值负荷随空调设置温度上升而下降,且高负荷值占比随之下降。西侧部分关闭方案因为空调制冷面积的减少而较大地降低了峰值负荷。但是,预冷方案存在着较大的峰值负荷增加,这是因为需要提前降低室内温度,空调系统可能以更高的功率运行,导致能耗峰值显著增加。

　　峰值负荷削减率情况如图 4.7 所示,室内设置温度上升 1 ℃ 和 2 ℃,峰值负荷下降 2.73% 和 2.93%;西侧部分关闭方案因为更小的空调制冷面积而出现了较大的峰值负荷降低,达到了约5.17%;预冷方案由于空调系统的高功率运行,平均峰值负荷增加了10.36%。四种调节方案的逐日峰值负荷削减率存在一定波动,预冷方案波动幅度更大且多为负值。

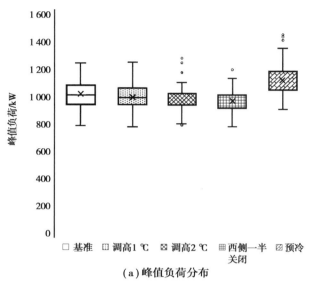

(a)峰值负荷分布

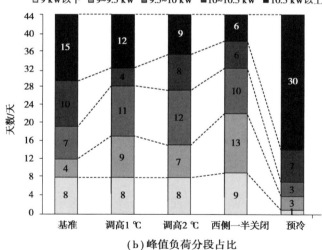

(b)峰值负荷分段占比

图4.6 峰值负荷分布

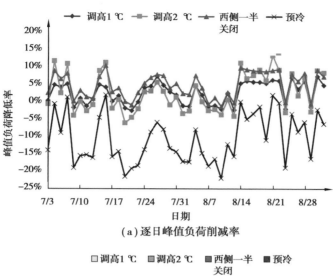

（a）逐日峰值负荷削减率

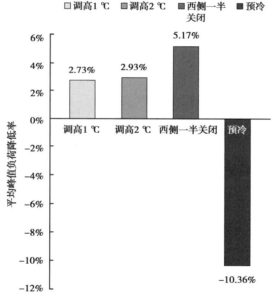

（b）平均峰值负荷削减率

图 4.7　峰值负荷逐日情况

4.3.3　总能耗结果

如图 4.8 所示,每日总能耗结果与峰值负荷具有相似的特征。每日总能耗值随设置温度上升而下降;西侧部分关闭方案具有明显的能耗降低现象;预冷方案会显著增加每日总能耗值。

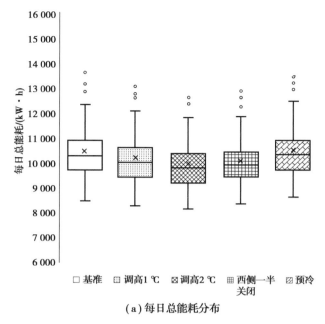

（a）每日总能耗分布

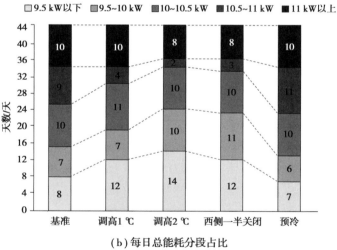

（b）每日总能耗分段占比

图 4.8　每日总能耗分布

　　如图 4.9 所示,室内温度每上升 1 ℃,总能耗平均降低 2.4%。西侧部分关闭方案总能耗降低 3.36% 左右,略低于峰值负荷削减率。预冷方案总能耗增加 0.96%,明显低于峰值负荷削减率。出现以上现象的原因是:预冷是为了提前冷却建筑物,而非在整个运行周期内都维持高负荷,一旦建筑物达到所需的低温水平,空调系统就会切换到较低功率运行模式,虽然存在短时的高峰负荷,但在整个运行周期内,总能耗的增加可能相对较少。另外,调温方案下,逐日能耗削减率呈现明显的周期性波动,周一的削减率较高。出现这个现象是因为办公建筑在周一至周五运行,而周末空调系统停止运行,导致建筑内积蓄的热量在周一启动时被处理,使室内温度降低至设定温度。通过调高空调设置温度,能够有效减少这部分降温所带来的能耗,因此每周一出现了周期性的高总能耗削减率。

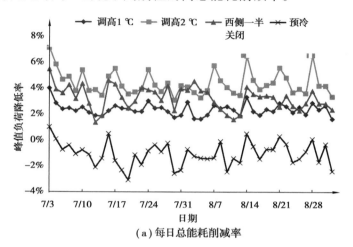

（a）每日总能耗削减率

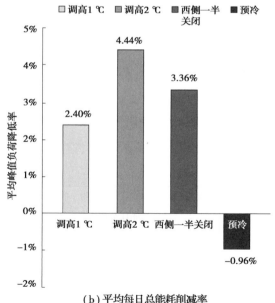

（b）平均每日总能耗削减率

图 4.9　每日总能耗逐日情况

4.3.4 热舒适结果

本小节主要通过 EnergyPlus 及 PMV-PPD 模型计算运行期间室内热舒适状态并统计空调运行期间的不同热舒适度等级占比情况,结果如图 4.10 所示。在基准情况下室内能够维持较好热舒适状态($-1<$PMV<1 且 PPD$<20\%$)。但在柔性调节后,存在明显的室内热环境变化,各种调控方案影响如下。

温度调控方案:升高 1 ℃条件下,热环境不满意率(Prsdicted Percentage of Dissatisfied,PPD)大于 15% 的时间占比为 15%,预计平均热感觉指数(Predicted Mean Vote,PMV)大于 0.5 的时间较基准工况升高了 80%。升高 2 ℃条件下,PPD 大于 20% 的时间占比为 70%,PMV 大于 1 的时间占比分别为 7%。温度调控对室内人员热舒适影响较大,设置温度越高,热舒适状态越差。

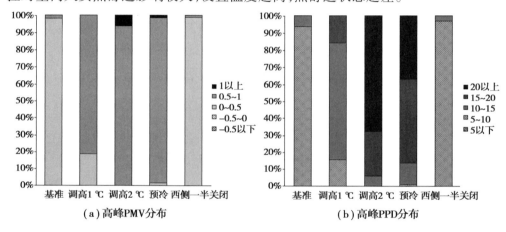

(a)高峰PMV分布   (b)高峰PPD分布

图 4.10   峰值期间热舒适情况

预冷调控方案:预冷调控的影响介于升高 1 ℃和升高 2 ℃设置温度之间,"偏热"时间占比较基准工况增加了约 2%,同时"较不满意"的时间占比相对升高 2 ℃设置温度方案下降低了约 25%。即预冷调控对人员热舒适的影响更小。

部分时空关闭方案:对于非停机区域,其室内热环境状态与基准工况差异较小,且热环境状态有略微提升。部分时空关闭方案以牺牲局部空间的方法来换取更好的热环境状态。

4.4　重庆办公建筑柔性调节效果分析

鉴于重庆地区 2022 年的极端高温天气,本节从常规气象和极端气象两个方面进行分析。图 4.11 为本研究中所模拟的极端气象条件及典型日气象条件,其数据源来自欧洲中期天气预报中心及 EnergyPlus 软件前期记录的气象文件。可以看出在极端气象条件下,室外干球温度较典型日干球温度高 3 ~ 6 ℃,这会导致空调机组的能效降低并对舒适范围内的柔性调控潜力造成一定的影响。故本研究将对极端气象条件以及常规气象条件的柔性潜力进行对比评估。

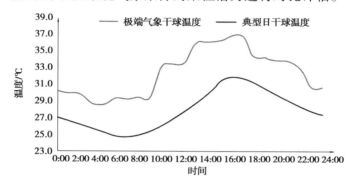

图 4.11 典型日及极端气象条件逐时平均温度分布

4.4.1 柔性调节潜力

由于办公建筑的空调运行作息需求,其在非工作时间段空调运行较少,同时由于区域电网在非用能"峰值"期间的柔性调控需求较小,故本文主要分析在用能"峰值"期间(13:00—18:00)的柔性潜力[17]。

如图 4.12 所示,在极端气象条件下,单位面积的制冷能耗较常规气象条件升高约 3 W/m²(约 15%),同时,两类气象条件下调高 2 ℃ 可以削减约 17% 的实时负荷。对应时间段的峰值负荷时刻变化较小。随着时间的进行,其负荷削减效果存在一定的降低,即调节后的 1 小时负荷削减明显高于其他调节时间段。故对调节温度的柔性调控措施,短时调控的效果更为有效。

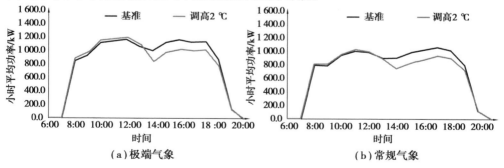

图 4.12 温度调节柔性潜力

如图 4.13 所示,预冷能够在短时间内释放更大的柔性潜力(约 22%),同时也会造成调节时间点前的时间段能耗大幅升高。在极端气象条件下这部分升高能耗约为基准负荷的 16% ~ 27%,但在常规气象条件下约为 14% ~ 21%,又由于极端气象条件较常规气象条件能耗高约 7% ~ 20%,导致极端气象条件下使用预冷方式的能耗代价较常规气象条件更高。同时,与温度调节相类似,预冷的调节措施存在一定时间尺度削减。

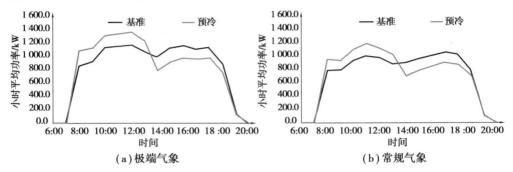

图 4.13 预冷调节柔性潜力

空间部分停机的柔性潜力如图 4.14 所示,其负荷整体削减率在 6% ~ 10%,但在调控时间段相对较为稳定。同时,极端气象条件与常规气象条件的规律差异较小,但由于极端气象条件下的能耗基数较大,该类调节方式的能耗削减绝对值更大。

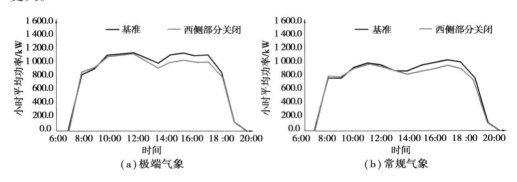

图 4.14 部分空间停机调节柔性潜力

综上,将各类调控措施在柔性调控阶段的逐时负荷削减相对值进行汇总,如图 4.15 所示,可以看出各类调控策略在柔性调控期间均能达到高于 5% 的调控效果。部分措施的调控效果在时间存在一定的削减,适合进行 1 ~ 2 小时尺度上的调节。对于长时间的负荷削减,则需要通过部分空间长时间的调控或对建筑设备、围护结构的性能进行优化完善。

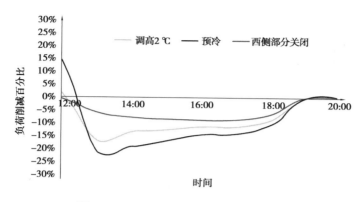

图 4.15　不同调控策略负荷削减相对值

4.4.2　热舒适分布结果

运行期室内热舒适状态主要通过 EnergyPlus 及 PMV-PPD 模型计算并统计空调运行期间的不同热舒适度等级占比情况。参考《民用建筑供暖通风与空气调节设计规范》(GB 50736—2012)中的相关资料得到图 4.16 所示数据。可以看出在基准条件下,能够较好维持室内热舒适状态(-1<PMV<1 且 PPD<20%)。进行柔性调控后对室内热环境影响较大,各类调控措施的影响如下。

峰值时期温度调高 2 ℃:PPD 大于 20% 的时间在极端及常规两类气象条件下分别占 90% 及 50%,PMV 大于 1 的时间占比分别为 60% 及 10%。温度调控对室内人员的热舒适影响较大。特别是在极端气象条件下,其"偏热"时间占比较常规气象场景增加了约 50%。

预冷调控:预冷调控相较于温度调控,其对热舒适的影响相对较小,两类气象条件下"偏热"时间占比较基准工况增加了约 25% 及 1%。同时"较不满意"的时间占比也相对温度调控措施下降低了约 10% 及 20%。即在常规气象场景下,预冷调控对人员热舒适影响更小。

部分空间关机:对于停机的区域,其室内热环境主要受到室外热环境的影响,故暂不在考虑中。对于仍然运行的区域,由于空调器运行时间表并未更改,其室内热环境状态与基准工况差异较小。故该类方法可以等效为以人员的活动空间削减以保证其余空调区域的热环境质量。

三类调控方式均会对部分空间内的环境质量造成一定的影响。其中温度调控措施对热舒适状态的直接影响最大,预冷调控次之。故在制定柔性调控策略的过程中需要对"柔性调控需求"及"室内热环境需求"进行适当的平衡。

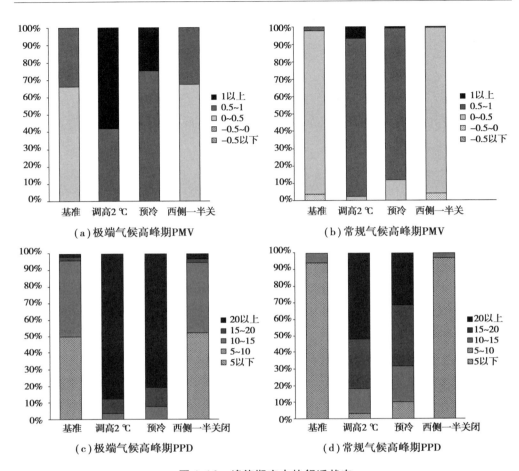

(a) 极端气候高峰期PMV

(b) 常规气候高峰期PMV

(c) 极端气候高峰期PPD

(d) 常规气候高峰期PPD

图 4.16　峰值期室内热舒适状态

4.5　深圳办公建筑柔性调节效果分析

4.5.1　峰值出现时间

如图 4.17 所示,峰值时间主要出现在 14:00—15:00。三种调节方案对比,调温方案对峰值出现时间没有明显影响,而西侧部分关闭方案下峰值出现时间出现了一定提前,主要分布区间转移到了 15:00 之前,其中 14:00 之前的比例大幅增加。

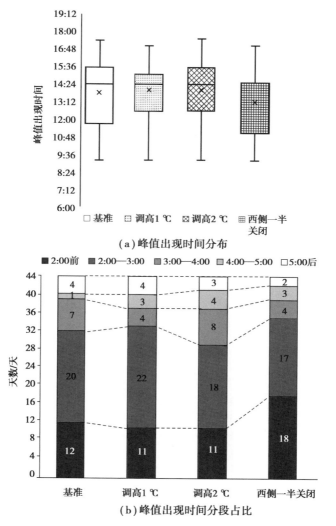

（a）峰值出现时间分布

（b）峰值出现时间分段占比

图 4.17　峰值出现时间分布

从图 4.18 逐日情况来看,调温方案对峰值出现时间存在小幅延后现象,且调高 2 ℃方案下部分天数出现大幅延后。西侧部分关闭方案下峰值出现时间平均提前 36 分,其中部分日期出现高达 4~6 小时的峰值提前。出现上述现象的原因为:①建筑西侧房间受到太阳辐射影响较大,在总负荷中占比也较大。当西侧部分房间关闭之后,东侧房间成为对总负荷影响最大的部分。②建筑东侧房间主要在上午受到太阳辐射直射,其负荷峰值出现时间更早,西侧房间部分关闭后东侧房间成为主导,造成总体峰值负荷时间提前。

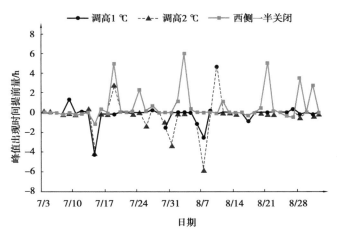

（a）逐日峰值出现时间提前值

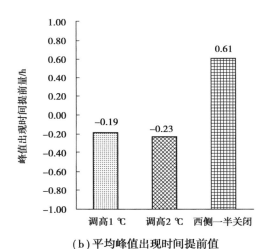

（b）平均峰值出现时间提前值

图4.18　峰值出现时间逐日情况

4.5.2　峰值负荷结果

如图4.19所示，峰值负荷随空调设置温度上升而下降；西侧部分关闭方案下因为更小的空调使用面积而出现了较大的峰值负荷降低。

室内设置温度每上升1 ℃，峰值负荷下降4.6%左右；西侧部分关闭方法因为更小的使用面积而出现了较大的峰值负荷降低，达到了约9%。三种调节方案的逐日峰值负荷削减率存在一定波动（图4.20）。

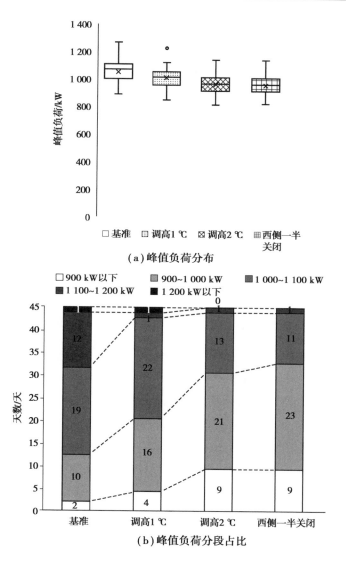

（a）峰值负荷分布

（b）峰值负荷分段占比

图 4.19　峰值负荷分布

4.5.3　总能耗结果

如图 4.21 所示,每日总能耗表现出与峰值负荷相似的特征,随设置温度上升而下降;西侧部分关闭可实现较明显的能耗降低。

如图 4.22 所示,室内温度每上升 1 ℃,总能耗平均降低 4.6%,与峰值负荷削减率保持一致。西侧部分关闭方案总能耗降低 8% 左右,略低于峰值负荷削减率。

调温方案下逐日能耗削减率存在显著波动且表现出了明显的周期性,在每周的周一出现削减率的高值。经分析,出现该现象的原因是办公建筑的运行时间是每周一到周五,周末空调系统并未运行,建筑中积蓄的热量累积到下一周周一空调系统启动时处理,将室内温度降低到设置温度。而调高空调设置温度能够有效降低这部分降温产生的能耗,因而每周一出现了周期性的高总能耗削减率。

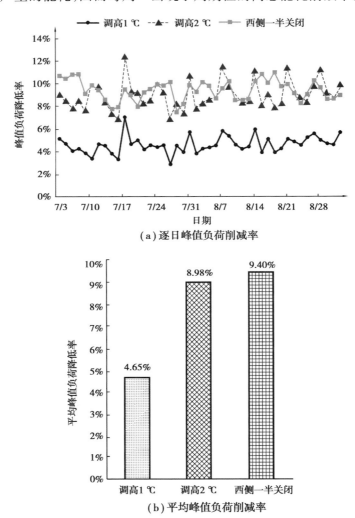

(a)逐日峰值负荷削减率

(b)平均峰值负荷削减率

图 4.20　峰值负荷逐日情况

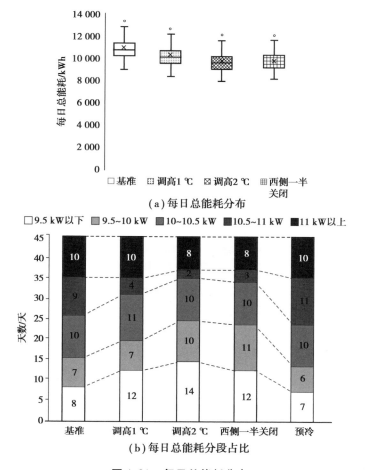

（a）每日总能耗分布

（b）每日总能耗分段占比

图 4.21　每日总能耗分布

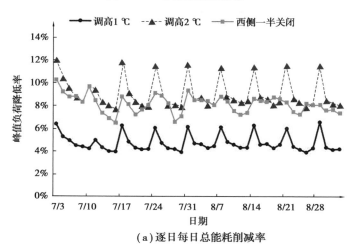

（a）逐日每日总能耗削减率

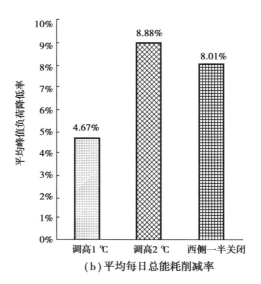

图 4.22　每日总能耗逐日情况

4.6　办公建筑与商业建筑柔性调节差异性分析

4.6.1　峰值出现时间对比分析

以深圳地区气候条件为例,办公建筑的峰值出现时间总体早于商业建筑。办公建筑与商业建筑的峰值出现时间主要分布在 13:00 和 14:00—18:00,其中办公建筑西侧部分关闭调节方案下的峰值出现时间明显更早,主要分布在 11:00—14:00。这主要是因为办公建筑人员活动在工作时间较为稳定,峰值负荷主要出现在每日气温及太阳辐射最强的时段,即 14:00—15:00;商业建筑人员活动在下午和傍晚存在显著峰值,因而人员活动成了峰值负荷出现时间的主导因素。(图 4.23)

从平均调节效果来看,调温方法对峰值出现时间影响较小,而西侧部分关闭方案对不同建筑存在明显的峰值时间调节效果差异。在西侧部分关闭方案下,办公建筑峰值出现时间平均提前了 36 分,而商业建筑则几乎没有变化(图 4.24)。经过分析,出现差异的原因主要是:①建筑西侧与东侧房间受到太阳辐射影响较大,在总负荷中占比也较大。西侧与东侧建筑分别在下午与上午受到太阳直射,峰值负荷也分别主要出现在下午和上午。西侧部分房间关闭之后,东侧房间在总负荷中占比增加,造成峰值负荷出现时间提前。②办公建筑与商业建筑相比,其建筑形体较规则,西侧部分关闭方案有效减少了西侧受太阳辐射面积,所以具有较好的峰值时间提前效果;商业建筑形体与内部房间平面结构均较复杂,难以通过关闭部分房间减小受西侧太阳直晒的面积,所以西侧部分关闭方案无显著效果。

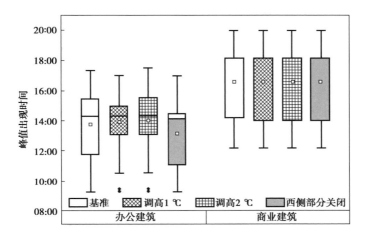

图 4.23　峰值出现时间分布

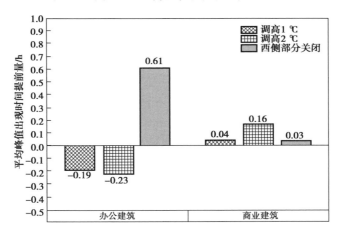

图 4.24　平均峰值出现时间提前量

4.6.2　峰值负荷与总能耗对比分析

办公建筑与商业建筑的峰值负荷受到建筑内空调作用面积的影响,办公建筑峰值电负荷高于商业建筑。调温方案对峰值负荷的影响较规律,峰值负荷随室内空调设置温度的提高而稳定下降。西侧部分关闭方案下因为空调作用面积的减

少,峰值负荷出现了较明显的下降,峰值负荷分布情况与调高 2 ℃空调设置温度下的峰值负荷分布近似。(图 4.25)

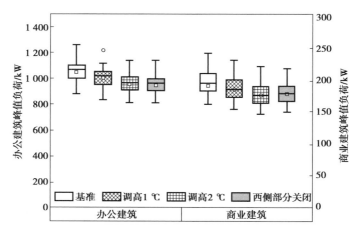

图 4.25　峰值负荷分布

从不同柔性方案的调节效果来看,办公建筑与商业建筑在调温方法下峰值电负荷削减效果近似。每调高 1 ℃空调设置温度,办公建筑与商业建筑的峰值负荷削减率分别在 4.7% 和 4.9% 左右。西侧部分关闭方案下峰值负荷削减率与空调作用面积的下降率接近,峰值电负荷削减率约在 9% 。(图 4.26)

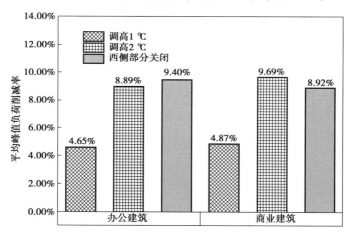

图 4.26　平均峰值电负荷削减率

每日总能耗的分布情况和调节效果与峰值负荷相似。每调高 1 ℃空调设置温度,办公建筑与商业建筑的总能耗削减率分别在 4.7% 和 4.9% 左右。西侧部分关闭方案下的总能耗削减率在 8% 左右。(图 4.27)

　　办公建筑与商业建筑均属于内扰负荷水平较高的公共建筑类型。降低空调设置温度的柔性用能方案主要作用于由室内外温差造成的冷负荷,而对内部负荷没有直接的作用。因此办公建筑与商业建筑在调温方案下的峰值电负荷与每日总能耗削减率相对较低;而部分关闭方案有效降低了建筑内部负荷水平,因此其削减率与空调作用面积的降低程度相近。(图 4.28)

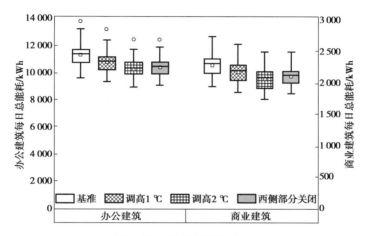

图 4.27　每日总能耗分布

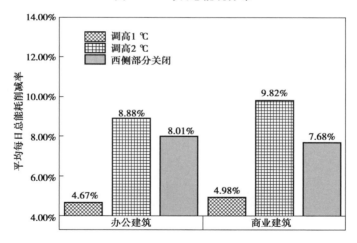

图 4.28　平均每日总能耗削减率

4.6.3　总能耗结果

　　三种柔性用能调节方案下的峰值出现时间提前量在供冷季均存在零值上下 4 小时内的波动情况,其中办公建筑的波动相比商业建筑更为剧烈,商业建筑除个别天数例外之外较为稳定。说明峰值负荷出现时间调节效果可能受到每日天气情况变化的较大影响,因而在部分日期出现显著的调节效果。

峰值负荷削减率的逐日分布则为在供冷季平均值上下的无规则波动,其中办公建筑波动依然略微大于商业建筑波动。

办公建筑和商业建筑的总能耗削减率的逐日分布情况出现了明显差异。办公建筑调温方法下的逐日总能耗削减率出现了周期性波动,商业建筑的总能耗削减率逐日波动程度相比办公建筑更低且无明显规律。办公建筑总能耗削减率出现的周期性波动高值出现在每周星期一。该现象出现的原因是:办公建筑的运行日期为每周一到周五,周末停止运行,周末办公建筑空调系统停止运行后积蓄的建筑得热累计作用在第二周星期一,调温方法下室内降低的室内设置温度产生了较高的每日总能耗削减效果。商业建筑为每天运行,所以不具有上述效果。(图4.29)

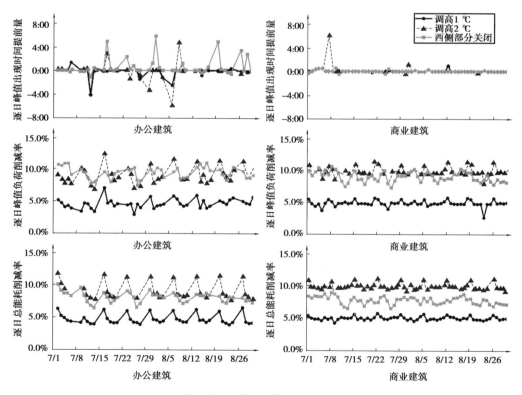

图4.29 每日总能耗逐日情况

4.6.4 分时段峰值电负荷降低率分析

对办公建筑与商业建筑在三个时段下的峰值电负荷降低率进行分析,总体而言,峰值电负荷降低率随负荷强度上升而增加。办公建筑的负荷峰值发生在下午时段,同时下午时段的峰值电负荷降低率显著高于其他两个时段;商业建筑的各时段峰值电负荷降低率较为接近,其负荷强度最高的夜间时段峰值电负荷降低率略微高于其他时段。对于夜间时段,由于办公建筑负荷强度大幅降低直到关闭,商业建筑则出现负荷峰值,因此商业建筑在夜间时段具有高于办公建筑的柔性用能调节潜力。(图4.30、图4.31)

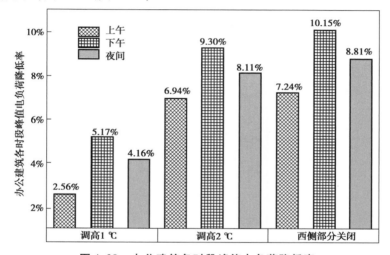

图4.30 办公建筑各时段峰值电负荷降低率

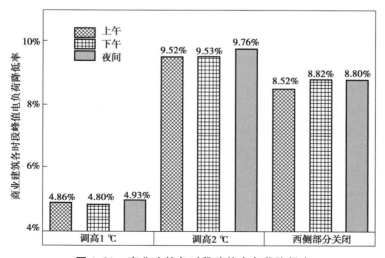

图4.31 商业建筑各时段峰值电负荷降低率

办公建筑的各时段峰值电负荷降低率差异率大于商业建筑,经分析,其原因可能是办公建筑的最大负荷强度发生在下午,与气温的峰值重合;商业建筑最大负荷强度发生在夜间,相对较低的气温存在对负荷强度抵消的作用。

4.7 总 结

本章节通过 EnergyPlus 及 OpenStudio 平台模拟了不同建筑类型(办公建筑和商业建筑)、气候条件和城市(寒冷——北京、夏热冬冷——重庆、夏热冬暖——深圳)下的三类不同柔性调控策略(温度调控、部分时空关闭、预冷策略)的柔性调控潜力及热舒适状态。主要结论如下:

①提高空调设置温度是一种有效的调控方案,在三座城市和两类建筑类型条件下,都能够降低峰值负荷和总能耗。随着设置温度的升高,峰值削减率和总能耗削减率增大。

②空调作用面积对峰值电负荷及总能耗产生显著影响,对不同建筑采取部分房间关闭及调节人员流动的方法可以实现更为灵活的空调系统用能。

③西侧部分关闭方案对办公建筑峰值出现时间存在显著影响,对商业建筑无显著影响。基于朝向的关闭方案调节效果受到建筑形体特征影响,与建筑表面朝向结合的部分关闭方法可以实现较好的峰值出现调节效果,可与人员流动结合实现更好的多建筑协同柔性用能调节效果。

④办公建筑相比商业建筑在柔性用能调节效果上具有更高的波动性且存在一定周期性。建筑的运行作息情况对柔性用能效果的时域分布具有影响。

⑤不同时段下的峰值电负荷的降低率与建筑负荷强度存在正相关,负荷强度的峰值出现时间具有更高的峰值电负荷降低率。

⑥不同柔性调控策略对热舒适状态影响差异较大。提高设置温度对室内人员热舒适产生显著影响,设置温度越高,热舒适状态越差;部分时空关闭方案对室内人员热舒适影响较小,该调控方案以局部空间的牺牲为代价,换取整体更好的热环境状态;预冷调控方案对室内人员热舒适影响程度介于二者之间。

参考文献

[1] 李天阳,赵兴旺,肖文举. 面向峰谷平衡的商业楼宇空调负荷调控技术[J]. 电力系统自动化,2015,39(17):96-102.

［2］刘晓华,张涛,刘效辰,等.面向双碳目标的建筑能源系统再认识［J］.力学学报,2023,55 (03):699-709.

［3］JENSEN S Ø, MARSZAL-POMIANOWSKA A, LOLLINI R, et al.. IEA EBC Annex 67 Energy Flexible Buildings［J］. Energy and Buildings, 2017, 155:25-34.

［4］田世明,王蓓蓓,张晶.智能电网条件下的需求响应关键技术［J］.中国电机工程学报,2014, 34(22):3575-3589.

［5］WANG Z H, LI H, DENG N N, et al.. How to effectively implement an incentive-based residential electricity demand response policy? Experience from large-scale trials and matching questionnaires［J］. Energy Policy, 2020, 141.

［6］TARRAGONA J, PISELLO A L, FERNÁNDEZ C, et al.. Systematic review on model predictive control strategies applied to active thermal energy storage systems［J］. Renewable and Sustainable Energy Reviews, 2021, 149.

［7］戚野白,王丹,贾宏杰,等.基于局部终端温度调节的中央空调需求响应控制策略［J］.电力系统自动化,2015,39(17):82-88.

［8］BEIL I, HISKENS I A, BACKHAUS S. Round-trip efficiency of fast demand response in a large commercial air conditioner［J］. Energy and Buildings, 2015, 97:47-55.

［9］FU Y Y, O' NEILL Z, WEN J, et al.. Utilizing commercial heating, ventilating, and air conditioning systems to provide grid services:A review［J］. Applied Energy, 2022, 307.

［10］毛以沫,司一凡,徐碧霞.基于空调年耗电量的广州地区居住建筑体形系数与最佳朝向研究［J］.建筑技艺,2021,(S1):128-131.

［11］LU F, YU Z Y, ZOU Y, et al.. Energy flexibility assessment of a zero-energy office building with building thermal mass in short-term demand-side management［J］. Journal of Building Engineering, 2022, 50.

［12］CHEN Y, XU P, GU J, et al.. Measures to improve energy demand flexibility in buildings for demand response (DR):A review［J］. Energy and Buildings, 2018, 177:125-139.

［13］于鹏飞.太阳能与空气源热泵联合按需分时供暖柔性控制方法研究［D］.西安:西安建筑科技大学,2023.

［14］CHINDE V, HIRSCH A, LIVINGOOD W, et al.. Simulating dispatchable grid services provided by flexible building loads:State of the art and needed building energy modeling improvements ［J］. Building Simulation, 2021, 14(3):441-462.

［15］国家技术监督局,中华人民共和国建设部.建筑节能与可再生能源利用通用规范:GB 55015—2021［S］.北京:中国建筑工业出版社,2021.

［16］中华人民共和国住房和城乡建设部,中华人民共和国国家质量监督检验检疫总局.民用建筑供暖通风与空气调节设计规范:GB50736—2012［S］.北京:中国建筑工业出版社,2012.

第5章
园区建筑能源应用技术

5.1　建筑围护结构技术

5.1.1　建筑遮阳技术

建筑遮阳是为了避免阳光直射室内,防止建筑物的外围护结构被阳光过分加热,从而防止局部过热和眩光的产生,以及保护室内各种物品而采取的一种必要措施。它的合理设计是改善夏季室内热舒适状况和降低建筑物能耗的重要因素。

无论是通过透光的窗户,还是其他不透光建筑围护结构,如屋顶、外墙等,大部分太阳辐射都能够通过辐射、导热、对流等路径进入室内,又由于温室效应,房间温度迅速升高,这是造成夏季室内温度过高的主要原因之一。现有建筑的立面广泛应用大面积玻璃幕墙,同时工业化使得轻质围护结构普遍使用,这削弱了室内热惯性并加剧了室内热物理环境的恶化,这一现象在建筑立面以保温隔热为主的寒冷地区依旧存在,因此对这部分太阳辐射热的控制就非常重要。而控制房间太阳辐射得热量需要考虑三个方面要素:①窗户朝向及大小;②建筑围护结构材料的选择;③建筑遮阳技术。其中,建筑遮阳技术是控制太阳辐射得热性价比最高的办法。优秀的建筑遮阳设计对室内环境营造及能耗多有裨益,主要包括以下几点:

①有效地防止太阳辐射进入室内:良好的建筑遮阳设计不仅能够改善室内热环境,而且可以大大降低建筑的夏季空调制冷负荷。研究表明,在玻璃幕墙外围设计宽度为 1 m 的遮阳板可以节省约15%的空调耗电量。

②延长围护结构使用寿命:遮阳构件可以避免建筑围护结构被过度加热而通过二次辐射及对流的方式加大室内热负荷。它除了可以大大减少通过建筑围护结构进入室内的热量,还能降低建筑围护结构的温度日较差,从而防止围护结构热裂,延长其使用寿命。

③提高室内光环境质量:眩光是现有大规模应用玻璃幕墙建筑的顽疾之一,建筑遮阳能够有效地防止眩光的发生,改善室内光环境。合理的遮阳措施可以阻挡直射阳光进入,或将其转化为较为柔和的漫射光,从而满足室内人员对照明质量的需求。

④防止直射阳光,尤其是其中对室内物品损害较大的紫外线。

因此,建筑遮阳技术已经成为当代建筑环境设计不可忽视的一部分。我国大部分地区都具有夏季炎热、日照强烈的气候特点。与此矛盾的是我国大量建筑物不遮或者遮阳措施不得当,从而浪费了大量的能量,也造成了一定的室内物理环境影响。

建筑遮阳形式及种类多样,遮阳设施主要可以分为临时性和永久性两大类。临时性遮阳指在窗户边缘设置的布帘、竹帘、百叶等。永久性遮阳是指在围护结构不同部位安装长期使用的遮阳构件。夏季太阳辐射造成室内过热的途径分为通过窗口直接进入室内和加热外围护结构表面两种。根据遮挡太阳辐射的传热途径可以将建筑遮阳划分为窗口遮阳、屋顶遮阳、墙面遮阳及入口遮阳。

①窗口遮阳:窗口遮阳按照遮阳构件能否随季节与时间的变换进行角度和尺寸的调节,乃至冬季便于拆卸的性能,可以划分为固定式遮阳和活动式遮阳(可调节式遮阳)两类。其中,固定式遮阳经常布置于建筑立面、外立面造型和窗户的过梁位置,使用钢筋混凝土、塑料或铝合金等材料构造成永久性构件,常成为建筑物不可变动的组成部分。固定遮阳的优势是简单、成本低、维护方便;缺点在于较难遮挡全时间段的直射光线,同时对采光和视线、通风的要求缺乏灵活性。活动式遮阳与固定式遮阳相反,其可基于季节、时间及气候通过手动或自动的方式调整遮阳板角度;在寒冷季节,为避免遮挡必要的采光,可对该类遮阳进行灵活配置。

②屋顶遮阳:在建筑围护结构中,水平面接受的太阳辐射最大(为东西向的2倍左右),因而屋顶的遮阳隔热非常重要。通过对建筑屋顶的遮阳,可以减小屋顶日温度波幅,从而减小其产生热裂的可能性。合理的屋顶遮阳板构造尺寸及调控方法能够满足夏季及冬季对太阳辐射的需求,改善屋面空间及顶层房间的舒适性。

③墙面遮阳:无论对于居住建筑,还是公共建筑,外墙作为建筑的主要组成部分,都是影响内热环境和建筑能耗的重要部位。建筑外墙接收的太阳辐射仅次于

屋顶,因而外墙的遮阳设计也较为重要。而外墙遮阳设计,尤其是西墙"西晒"怎样处理的问题,一直广受关注,同时外墙作为建筑重要部分之一,与建筑的艺术风格及营造效果息息相关。因而墙面遮阳设计要综合考虑其遮阳隔热效果和建筑艺术效果。通常墙面遮阳主要包括墙面整体遮阳及绿化遮阳等。

遮阳措施具有多样性,目前暂时不存在某一种遮阳措施能够适用于不同地理位置、朝向及用途的建筑项目。我国幅员辽阔,按照建筑热工分区共分为严寒、寒冷、夏热冬冷、温和及夏热冬暖五个建筑热工气候区。不同的遮阳形式在不同的气候区也有着不同的适用性。对于建筑遮阳技术的应用总体上应满足:在严寒地区和寒冷地区,夏季的遮阳措施要兼顾冬季室内环境对太阳热能的利用,宜采取如竹帘、软百叶、布篷等可拆除的遮阳措施;在夏热冬冷地区和温和地区,夏季遮阳措施对冬季的影响相对小一些,宜采用活动式遮阳;在夏热冬暖地区,夏季的遮阳可不考虑冬季对太阳辐射的遮挡,可采取固定式遮阳,但仍以活动式遮阳为最佳。具体到某气候区特定的建筑,遮阳形式的选择应考虑不同建筑方位的遮阳需求以及不同遮阳形式的有效性。通常,南向适合用水平式的固定遮阳;东西向适合用挡板式遮阳;东南、西南向适合用综合式遮阳形式;东北、西北向应用垂直遮阳板效果更好;北向由于实际影响较小,故一般不采取遮阳措施;屋面的遮阳一般需要综合考虑不同气候区的实际需求,对太阳能进行充分利用。

5.1.2 房间自然通风

建筑物内的通风十分必要,它是室内人体健康和热舒适的重要因素之一。合理的建筑自然通风不仅能提供新鲜空气,调节室内气温和相对湿度,改善人们的舒适感并降低健康风险,还能有效降低空调运行能耗。反之,不合理的建筑自然通风不仅无法改善室内热环境场,还会直接导致空调、采暖能耗的增加,如采暖地区住宅的通风能耗占冬季采暖指标的30%以上的情况。

建筑自然通风是由于建筑物的开口处(门、窗等)的压力差而产生的空气流动。按照压差产生的机理不同,建筑自然通风可以分为风压通风和热压通风两种方式。风压通风和热压通风往往互为补充、密不可分。在实际工程中,风压和热压一般同时存在,共同作用,且存在互补及互斥的效应。到目前为止,还没有明确的热压和风压综合作用下的自然通风机理及设计方法研究。通常,建筑进深小的部位多利用风压通风,而进深较大的部位多利用热压通风来达到通风的效果。

在设计建筑自然通风过程中,一般遵循主动风向原则及调控窗户开启面积比例等方法,为了优化组织房间的自然通风,在建筑朝向上应使房屋纵轴尽量垂直于建筑所在地区的夏季主导风向,同时也需要兼顾建筑遮阳的实际需求。对窗户可开启面积范围的调控,要在了解建筑物开口大小对房间自然通风影响的基础上。开启面积的大小对于自然通风的影响是非线性的,同时其开启面积也不宜过大,以避免夏季过大的太阳辐射负荷及冬季过大的热损失。

5.2　热泵技术

热泵是一种利用高位能源使热量从低位热源流向高位热源的节能装备。顾名思义,热泵可以把不能直接利用的低位热能(如空气、土壤、水中所含的热能,太阳能,工业废热等)转换为可以利用的高位热能,从而节约部分高位能(如煤、燃气、油提供的能量,以及电能等)。

相较于直接利用燃料燃烧进行供热/制冷,热泵虽然需要消耗一定量的高位能,但所供给用户的热量却是所消耗高位热能与吸取的低位热能的总和。故应用热泵技术后,室内空间获得的热量永远大于其所消耗的高位能。同时其遵循热力学第一定律,在热量传递与转换的过程中遵循守恒的数量关系;又遵循热力学第二定律,热量不可能自发地、不付代价地、自动地从低温物体转移至高温物体。故对于热泵,需要依靠高位能为"动力",迫使热量由低温物体传递给高温物体。

在热泵系统中,通常包括四个主要部件:蒸发器、压缩机、冷凝器和膨胀阀。根据不同的冷热源,需要对其单个或多个核心部件进行相应的优化。其中在蒸发器中,低压液态制冷剂吸收来自周围环境(如室外空气、地下水或土壤)的热量并蒸发成气态。气态制冷剂随后在压缩机中被吸入并压缩,这一过程使其温度和压力上升。之后,高温高压的气态制冷剂在冷凝器中释放热量给到用热端(如室内空间或供暖系统),在这个过程中制冷剂冷凝成液态。最后液态制冷剂通过膨胀阀时压力降低,重新变为低压液态并流回蒸发器,开始新一轮循环。

5.2.1　空气源热泵技术

空气是热泵运行过程中良好的低位热源之一,取之不尽、用之不竭,且获取较为容易。相较于冷水机组,空气源热泵具备安装及使用方便的优势。但空气源热泵仍然存在较大的局限性,其受到地区以及季节的影响较大,从而较大地影响热泵的供热能力及制热系数。例如,冬季当室外空气的温度降低时,空气源热泵的供热量会较大程度地减少,而建筑物的耗热量会不断增加,从而造成了空气源热泵的供热量与建筑物耗热量之间的供需矛盾。对于我国北方地区,冬季温度较低情况下室外换热器流动工质的蒸发温度常常低于 0 ℃,这可能造成换热器表面的结霜现象,进而使换热器的传热效果恶化,且会增加空气流动阻力,使得机组的供热能力进一步降低;相较于从"水"及"土壤"中获取热量的机组,空气的比热容较小,在获取足够的热量时,需要较大的空气量。这会导致空气源热泵的风量不断增大,使得空气源热泵设备的噪声也相对较大。

我国幅员辽阔,跨越不同气候带。对应不同的建筑气候分区,空气源热泵的设计及应用方式的适应性存在较大的差异。对于夏热冬冷地区,其气候特征表现为夏季闷热,冬季湿冷,气温日较差较小,年降水量大且日照偏少,非常适合应用空气源热泵,对于中小型建筑可利用空气源热泵进行供冷、供暖。相似的,对于冷、热负荷较为多样且季节性变化较强的云贵高原及黄河流域地区,空气源热泵也是较为可行的选项之一。而对于干燥且供热需求较大的寒冷地区,其结霜发生概率较夏热冬冷地区更低,这里更需要考虑对热量需求较大的情形下,空气源热泵的制热量常常无法满足环境营造的实际需求的情况,同时需要考虑在寒冷地区应用的可靠性问题,避免出现压缩机排气温度过高、压比过大、失油及润滑油乳化等问题。

空气源热泵广泛应用于住宅、商业建筑、公共设施、工业生产厂房及部分特殊场所的供冷供热需求。根据载热介质的不同可以分为制取热空气的空气源热泵和制取热水的空气源热泵。对于居住建筑,空气源热泵可以提供高效的供暖和制冷服务。在冬季,它从外部空气中吸收热量来为室内供暖,夏季则将室内热量转移至外部,以达到制冷的效果,对于气候温和地区适用性更强。同时空气源热泵也能利用从外部空气中吸收的热能加热生活用水,供家庭日常使用,与传统电热水器相比,它更能节省能源。在商业建筑和公共设施中,空气源热泵常应用于办公楼、商场、酒店、度假村、学校及医院等场所。对于办公楼及商场,空气源热泵可用于提供集中供暖、制冷和制热水,并能有效控制运营成本。对于酒店及度假村,热水和室内环境的舒适度需求非常高,空气源热泵能够满足这些需求的同时,还能显著降低能源消耗。学校及医院具有较多的热水和恒温环境需求,空气源热泵系统可以有效地满足这些需求,且能够保证特殊环境的高效营造。空气源热泵也广泛应用于工业生产过程中,在一些轻工业和食品加工行业中,空气源热泵可用于提供低温加热需求,如烘干、预热等工艺过程。空气源热泵还可用于农业温室的加热,保证作物在冬季也能正常生长;同时也能用于畜牧业的稳定温控,如猪舍、牛棚、鱼池的加热和制冷。在一些特殊的供冷、制热场景中,空气源热泵也能发挥较有效的作用,如可以用于室内、室外泳池的水温调节,确保游泳池全年适宜运动的进行。在一些特定的工业应用中,空气源热泵可用于回收废热,例如从工业过程的排气中回收热量,用于建筑供暖、热水系统或作为空气源热泵的高品位热源。

空气源热泵的应用存在其特有的优势与局限性,在应用过程中,需要充分考虑项目的基础条件与空气源热泵特性的匹配度。空气源热泵的优势不仅体现在能效上,还包括对环境的影响、操作的灵活性以及经济效益等方面。首先,空气源热泵的能效比通常高于传统的供暖和制冷设备;在能耗一定的条件下,它能从外部环境中转移更多的热能到所需空间,实现更高的能源利用率。同时与基于燃料燃烧的传统供暖系统相比,空气源热泵可以显著减少能源消耗,降低运行成本。其次,由于高能效和电力驱动等因素,空气源热泵在运行过程中减少了对化石燃料的依赖,温室气体排放量相对较低,有助于减缓气候变化,尤其是当电力来源于可再生能源时。在实际工程中,空气源热泵能够实现一机多用,可用于供暖、制冷和提供生活热水,一个系统就能满足家庭或商业建筑的多种需求。同时,无论是炎热的夏季还是寒冷的冬季,空气源热泵都能有效工作,提供终年无休的室内舒适度。在安装及适应性层面,空气源热泵适用于各种建筑类型和大小,从小型住宅到大型商业建筑都能高效应用。相对于地源热泵等其他类型的热泵系统,空气源热泵的安装更为简便,不需要大面积土地挖掘或水源。空气源热泵的运行成本较低,尤其是在电价较低或使用可再生能源供电的情况下,故在长时间运行过程中,在全周期应用成本层面,空气源热泵能够为用户带来显著的经济效益。与此同时,空气源热泵系统相对简单,维护和修理的需求较低,尤其是与复杂的传统供暖系统相比更为显著。

尽管空气源热泵被广泛认为是一种高效、环境友好的供暖和制冷技术,但在应用过程中也存在一些局限性。这些局限因素影响了其性能、成本效益和应用范围。首先,空气源热泵的效率在温暖的气候条件下较高,因为其需要从外部空气中提取热量;而在寒冷的气候条件下,尤其是当外部温度接近或低于冰点时,其效率会显著降低,且在极低温度下,空气中可供提取的热能减少,热泵需要更多的电能来维持其供暖能力。其次,与传统的供暖系统相比,空气源热泵的初始安装成本相对较高。尽管长期运营成本较低,能够通过节省的能源费用来弥补初期投资,但高昂的前期费用可能会成为一些用户的负担。再次,在设计与安装方面,安装空气源热泵系统需要适当的室外空间来放置外部单元,这在空间受限的建筑或城市环境中可能是一个挑战;同时,正确设计和安装空气源热泵系统需要专业的技术知识和经验,不恰当的安装可能会导致系统效率低下,从而影响性能和寿命。最后,空气源热泵中使用的冷媒可能对环境有害,特别是含氟冷媒,如果发生泄漏,可能会影响臭氧层及全球气候状况。虽然新型环保冷媒的开发已经取得较大的进展,但冷媒的选择和管理仍是空气源热泵应用过程中需要关注的重点问题之一。

空气源热泵以其高能效、环保和多功能性成为现代能源解决方案的重要组成部分。随着技术进步和对可持续能源需求的增长,空气源热泵的应用范围预计将进一步扩大,尤其在追求能源效率和环境友好型技术的背景下。其广泛的应用范围使其成为实现能源转型和促进绿色发展的关键技术之一。

5.2.2 地源热泵技术

地源热泵系统是一种利用地球稳定温度的供暖和制冷技术。这种系统通过在地下深处布置的管道(土壤热能、地下水或地表水)循环特定的流体,从而在不同季节提供高效的供暖、制冷和热水供应。地源热泵的核心优势在于其能够利用地下相对恒定的温度(10 ~ 16 ℃),实现比传统供暖和制冷方法更为节能和环境友好的能量转换。根据低位热源(或热汇)的不同,可以将地源热泵进行进一步细分,如以土壤为热源和热汇的热泵系统称为土壤耦合热泵系统(地下埋管换热器地源热泵系统),以地下水为热源和热汇的热泵系统(地下水热泵系统),以地表水为热源和热汇的热泵系统(地表水热泵系统)。地源热泵系统的核心组成包括地热交换器(地下循环系统)、热泵单元及空气分配系统。地热交换器通常由一系列管道构成,这些管道被埋设在地面以下几米到几十米的深度,其中循环着水或其他冷媒。

对不同工程项目地源热泵技术适应性强、应用广泛,为建筑物的供暖、制冷以及热水供应提供了一种环保和经济的解决方案。其适应性主要体现在对不同气候、地质条件和建筑需求的广泛适应能力。首先,与依赖外部空气温度的空气源热泵相比,地源热泵利用的低位热源大多为地下水、土壤、地表水等(通常在 10 ~ 16 ℃),这使得其能在极端气候条件下(从严寒到酷热)都能高效运行。地源热泵提供的供暖和制冷效率不会因外部气候变化而显著波动,这一点对于气候多变的地区尤为重要。其次地源热泵的设计灵活,可以根据具体的地质条件调整地热交换器的布置方式(水平或垂直)。在土地资源有限的城市环境中,垂直布置的地热交换器占地少,能有效利用地下空间;而在土地资源丰富的地区,水平布置的交换器则因其较低的安装成本而更受欢迎。地源热泵系统可以根据建筑的大小、用途和能源需求进行定制设计。无论是小型住宅、大型商业建筑还是工业设施,地源热泵都能提供高效的供暖、制冷和热水解决方案。系统的可调特性也确保了能源供应与建筑热环境需求之间的最佳匹配,提高了能源使用效率。

与空气源热泵的应用场景相类似,地源热泵对住宅、商业、办公、教育、医疗建筑以及工业生产等场所均具有一定的适应性。但其会受限于当地的自然资源,如地下水、可用土地及地质条件、地表水等。对于地表水源热泵,需要合理设计选取其水源地及引水路径,考虑换热系统形式对水源地的生态环境影响等因素。对于土壤源及大地耦合热泵系统,需要充分考虑建设过程中的埋管成本及地质条件,同时结合系统维护成本考虑后续土壤蓄热(冷)对土壤微环境的影响。地下水源热泵在我国北方地区得到了广泛的应用,其相对于传统的供暖方式及空气源热泵具有较好的节能性,显著的环保效益,良好的经济性、运行可调性及稳定性,但仍需合理考虑地下水的回灌问题,避免过度采集地下水导致不必要的生态破坏。

地源热泵由于其独特的原理及能源利用形式,具有与其系统构成、冷热源形式所对应的独特优势,包括能效、生态、经济效益、运行寿命及营造环境等。地源热泵的最大优点之一是其出色的能效,它通常比传统的加热和冷却系统更加高效。由于利用地下恒定的温度而非外部空气温度来进行热交换,无论是冬季还是夏季,地源热泵更加容易从地下不同冷热源吸热或放热,这一过程消耗的能量远低于传统系统。与空气源热泵类似,地源热泵系统使用可再生能源——地下的热能,相比燃烧化石燃料的传统供暖系统,能显著减少温室气体排放和其他污染物的产生。在运行过程中,尽管地源热泵的初始安装成本极高,但其运行成本比其他系统更低。同时,地源热泵系统的可靠性高,维护需求相对较低。地下管道的预期寿命可达 50 年以上,而热泵单元本身的寿命也在 20 ~ 25 年,远长于传统加热和制冷设备的使用寿命。与空气源热泵相比,由于其换热介质比空气比容更大,且位于地下,地源热泵在运行时产生的噪声要小得多,这为用户提供了更安静的环境。无论是在寒冷的冬季还是炎热的夏季,地源热泵系统都能提供稳定的室内温度,与传统系统相比,地源热泵提供的热量更加均匀,避免了温度波动,从而提高了居住和工作空间的舒适性。

地源热泵系统虽然具有较多显著的优势,包括高能效、环境友好性和长期的运营成本节省,但其也存在一些局限性和劣势。第一,地源热泵的最大劣势之一是其高初始安装成本。地下管道的布置需要大量的地面挖掘或钻探,这不仅工程量大,而且成本高昂。第二,其设计和安装过程较传统加热和制冷系统更为复杂,需要专业的技术和设备,继而增加了初始投资。第三,地源热泵系统的效率和可行性受到地理位置和土壤条件的影响,并非所有的地区都有适合安装地源热泵系统的地质条件。例如,岩石较多的地区可能需要更复杂的钻探技术,增加了安装成本。土壤的导热性也会影响系统的热交换效率,进而影响整体性能。第四,与地源热泵系统构造对应的,水平及垂直地热交换器需要较大的土地面积来安装足够长度的管道,这在城市或土地资源有限的地区可能是一个限制因素。虽然垂直交换器可以在较小的空间内安装,但其安装成本通常更高。第五,在环境影响方面,尽管地源热泵被认为是一种环境友好的技术,但其安装和运行过程中仍然可能对环境产生一定的影响。例如,大规模的土地挖掘和钻探可能会破坏土地表层,影响当地的生态系统。另外,如果地热液体泄漏,也有可能污染地下水。第六,由于地源热泵系统更为复杂,较之传统系统,其修理和维护可能会更为复杂和成本更高。特别是地埋管,可能需要专业的设备和技术进行诊断和修复。尽管地埋管的预期寿命非常长,但热泵单元本身的寿命通常在 15 ~ 25 年,这意味着在系统的整个使用周期中可能需要更换一到两次。这不仅增加了长期成本,而且也需要考虑更换过程中的不便。

地源热泵系统提供了一种高效、可持续的供暖和制冷解决方案,但其高初始成本、对地理和土壤条件的依赖、对空间的要求、潜在的环境影响,以及维护和修理的复杂性都是在考虑采用这种技术时必须涉及的因素。正确评估这些劣势,与项目的具体条件和需求相结合,是确保地源热泵系统能够有效、经济地满足供暖和制冷需求的关键。

5.2.3　污水源热泵技术

污水源热泵系统是一种利用城市污水或工业废水的恒定温度来实现高效能源转换的技术,它通过提取污水中的热能来供暖、制冷以及热水供应。这种技术的核心价值在于其能够将传统意义上的"废弃物"转化为宝贵的能源资源,从而减少对传统化石燃料的依赖,降低温室气体排放,对推动城市可持续发展具有重要意义。其运行原理基于传统热泵技术。热泵系统通常包含四个主要部件:蒸发器、压缩机、冷凝器和膨胀阀。在污水源热泵系统中,蒸发器通过一系列热交换过程从污水中吸收热量,这个过程中,污水作为热源通过热交换器传递其热能给冷媒,冷媒吸收热量后蒸发变成气态;压缩机将这些气态冷媒压缩,使其温度和压力上升;经过压缩的高温冷媒气体在冷凝器中释放热量,用于供暖或热水供应;冷媒通过膨胀阀降压并冷却,再次回到蒸发器,循环开始新一轮的热能转换。

污水源热泵系统的效率和性能受到多种因素的影响,包括污水的温度、流量,污水和热泵系统的匹配性,系统设计和安装质量,以及维护管理等。污水的温度和流量是决定系统能效的关键因素,因为它们直接影响系统能从污水中提取多少热能。一般来说,污水的温度较为稳定,尤其是来自深层下水道系统或工业废水,这为热泵系统提供了一个可靠的热源。系统的设计和安装质量也至关重要,专业的设计可以确保热泵系统与污水的热交换最大化,而高质量的安装和严格的维护管理可以保证系统长期稳定运行,避免效率下降和故障发生。此外,污水的质量和成分也会影响热泵系统的运行。污水中含有的悬浮物和杂质可能会堵塞热交换器,影响热交换效率。因此,合理的污水预处理和热交换器的定期清洁维护是保证系统效率的重要措施。最后,环境温度变化虽然对污水源热泵的影响较小,但极端气候条件下的系统设计和操作策略调整也是提高能效和可靠性的关键。

故在选择污水源热泵系统时,需要注意几个关键问题,以确保系统的高效运行和长期可靠性。首先,污水的质量和特性是考虑的重要因素。由于污水中可能含有固体颗粒、油脂和其他污染物,这些杂质可能会堵塞或腐蚀热泵系统的热交换器,影响系统的热交换效率和寿命。因此,在设计阶段就需要评估污水的质量,并采取适当的预处理措施,如设置过滤器和定期清洁热交换器,以保持系统的高效运行。其次,系统设计和配置也至关重要。污水源热泵系统需要根据建筑或设施的具体能源需求、污水的供应量和温度等因素进行量身定制。这包括选择合适类型和规模的热泵机组、设计高效的热交换系统和确保系统的可调节性以适应不同的运行条件。专业的系统设计可以最大化能源回收效率,同时降低运行和维护成本。再次,考虑到污水源热泵系统的初始投资相对较高,投资回报率和经济性分析成为选取此类系统时不可忽视的因素。需要通过精确的能源需求分析、成本估算和潜在节能效益评估来确保项目的经济可行性。此外,制定有效的运维策略也是保证系统长期稳定运行的关键,包括定期监测系统性能、执行预防性维护计划,以及及时解决运行中的问题。最后,环境影响和可持续性考量也是选取污水源热泵系统时需要考虑的重要方面。虽然这种系统有助于能源回收和减少温室气体排放,但其建设和运行过程中也可能对周边环境造成一定影响。因此,在系统规划和设计阶段,应充分考虑其环境影响,采取措施最小化对生态系统的干扰,并确保系统的可持续运行。

污水源热泵的应用范围广泛,覆盖了住宅建筑、商业建筑、医院、学校、酒店、体育馆等多种建筑类型。污水源热泵不仅适用于新建建筑,也适合于旧建筑的能源改造项目,特别是那些靠近污水处理厂或有稳定污水排放源的地区,能够有效利用这些被普遍视为废弃资源的污水热能。污水源热泵在工业领域同样有着广泛的应用潜力,尤其是对于那些产生大量废水的工业生产,如食品加工、纺织、化工等,其不仅可以实现能源的有效回收,还能显著降低企业的能源消耗和运营成本。污水源热泵系统的适应性强,它能够在不同气候条件下稳定运行,既可以在寒冷地区提供高效供暖,也可以在炎热地区提供经济制冷,其独特的能源利用方式使得污水源热泵在节能减排、推动绿色建筑和可持续发展方面具有重要价值。然而,污水源热泵的应用也面临一些技术和经济挑战,如系统设计的复杂性、初始投资和运营成本的平衡,以及污水处理和热泵系统之间的协调等,这些都需要通过技术创新和管理优化来克服。未来,随着相关技术的进步和成本的降低,预计污水源热泵将在更广泛的领域得到应用,为实现能源高效利用和环境保护目标贡献更大的力量。

综上所述,污水源热泵作为一种新型的能源技术,在促进能源利用效率、降低能源消耗、减少环境污染等方面具有重要作用,随着技术的进步和成本的降低,预计未来污水源热泵将在全球范围内得到更广泛的应用和推广。

5.3 可再生能源应用技术

在当前全球面临能源危机和环境问题的背景下,可再生能源在建筑园区中的应用正成为推动可持续发展和实现绿色建筑目标的重要途径。随着技术进步和政策支持的不断增强,太阳能、风能、地热能等可再生能源技术已经在许多建筑园区中得到了广泛应用,这些技术不仅有助于减少建筑对传统化石燃料的依赖,降低温室气体排放,同时也能显著提高能源效率,减少能源成本。太阳能是建筑园区中应用最为广泛的可再生能源之一。通过在建筑的屋顶或幕墙安装光伏面板,可以直接将太阳光转换为电能,供建筑内部使用或馈入电网。此外,太阳能热水器也被广泛用于提供生活热水和辅助供暖。太阳能系统的设计灵活性高,可以根据建筑的具体需求和条件进行定制,成为实现建筑能源自给自足的有效手段。实现建筑园区中可再生能源的有效应用,需要综合考虑建筑设计、能源系统规划、技术选型及经济性评估等多方面因素。同时,政策支持、资金投入和用户参与也是推动可再生能源技术在建筑园区中广泛应用的关键。随着人们环保意识的增强和绿色建筑标准的推广,可再生能源在建筑园区中的应用将越来越普遍,为实现碳中和及可持续发展目标做出重要贡献。

5.3.1 太阳能热水系统

太阳能热水系统是一种利用太阳能来加热水的环保高效设备,它转换太阳辐射为热能,提供家庭、商业和工业用途的热水。这种系统不仅能够降低能源消耗,减少温室气体排放,还能在没有电力或燃气供应的偏远地区提供热水,对于推广可再生能源和实现能源自给具有重要意义。太阳能热水系统主要由太阳能集热器、储水罐、循环泵、控制器以及必要的管道和阀门组成。其运行原理相对简单:太阳能集热器安装在屋顶或其他能直接接收到阳光的地方,当太阳光照射到集热器上时,集热器内的工作介质(通常是水或防冻液)吸收太阳辐射转化成的热能。通过循环泵的作用,这些被加热的工作介质被送至储水罐,热量通过热交换器传递给储水罐中的水,从而实现水的加热。控制器根据温度传感器的反馈来调控循环泵的启停,确保系统高效稳定运行。

太阳能热水系统的效率和性能受多种因素影响,其中最重要的包括太阳辐射强度、集热器的类型和效率、系统的设计和安装质量,以及环境条件等。太阳辐射强度直接决定了系统能收集到多少太阳能,这不仅与地理位置有关,还受季节、天气和一天中不同时间的影响。集热器的类型和效率是决定系统性能的关键因素,目前市场上主要有平板集热器和真空管集热器两种,真空管集热器因其良好的保温性能,在冬季或寒冷地区表现更佳。此外,系统的设计和安装质量也至关重要。一个优良的设计不仅能确保集热器接收到最大限度的阳光,还能减少热损失,提高热水的利用率。而高质量的安装可以避免未来运行中的漏水、阻塞等问题,延长系统的使用寿命。环境条件,如温度、风速等,也会影响系统的热损失和热效率。低温环境下,系统可能需要额外的保温措施,或者使用防冻液作为工作介质,以防集热器和管道冻裂。在考虑采用太阳能热水系统时,还需考虑其经济性,包括初始投资成本、运行和维护成本以及潜在的节能收益。虽然初始成本相对较高,但由于太阳能是免费的,系统运行成本极低,加上政府的补贴政策,使得太阳能热水系统成为长期节能减排、经济效益显著的热水供应解决方案。

太阳能热水系统作为一种高效利用太阳能的方式,已经在全球范围内广泛应用于多种场所,包括家庭住宅、商业建筑、工业设施、医院、学校,以及其他公共设施等。这种系统的应用范围之广泛得益于其环保、节能的特性及能够显著降低长期能源成本的优点。在家庭住宅中,太阳能热水系统可以提供日常所需的热水,如洗浴、洗碗和洗衣等;在商业建筑和公共设施中,它能满足更大规模的热水需求,同时还有助于提升建筑的绿色环保标准和社会形象;在工业设施中,太阳能热水系统还可以用于特定的工艺流程或加热过程,减少对传统能源的依赖。在选取和设计太阳能热水系统时,需要考虑多个关键问题以确保系统的高效运行和经济性。首先是系统的尺寸设计,这需要根据热水的实际需求、太阳辐射强度、集热器的效率等因素综合考虑。过小的系统可能无法满足需求,而过大的系统则会造成资源浪费和初始投资的增加。其次,集热器的选型也至关重要,市场上常见的有平板集热器和真空管集热器两种类型,不同类型的集热器在效率、耐久性、成本,以及适应不同气候条件的能力上各有千秋,因此应根据具体的应用场景和环境条件进行选择。安装位置的选择也是影响系统效率的重要因素。理想的安装位置应能确保集热器接收到最大程度的直射阳光,通常情况下,集热器应面向赤道方向,并考虑到建筑物本身的遮挡和周围环境的影响。系统的角度也需要根据当地的纬度和太阳高度角进行适当调整,以最大化太阳能的利用效率。系统的可靠性和维护问题也不容忽视。高质量的组件和专业的安装可以确保系统长期稳定运行,降低故障率。定期的维护和检查可以及时发现并解决问题,延长系统的使用寿命。此外,考虑到太阳能热水系统可能受到极端天气条件的影响,如冰冻或高温,选择具有良好耐候性能的材料和采取相应的防护措施同样重要。经济性是选择太阳能热水系统时的另一重要考量。尽管太阳能热水系统可以节省长期的能源成本,但初始投资相对较高。因此,进行全面的成本效益分析,考虑可能的政府补贴和激励政策,以及系统的预期寿命和回报周期,对于确保投资的经济合理性至关重要。

太阳能热水系统具有较为显著的优缺点,其将太阳辐射能转换为热能,为住宅、商业和工业提供热水解决方案。这种系统的显著优势在于其对环境的积极影响,能够显著减少对化石燃料的依赖,从而降低温室气体排放和其他污染物的排放。通过减少能源消耗和利用可再生资源,太阳能热水系统有助于缓解能源危机和推动可持续发展。长期来看,这种系统能够为用户节省显著的能源费用,尽管其需要较高的初始投资,但通过减少日常能源消耗,太阳能热水系统能在几年内回收成本,随后为用户提供几乎免费的热水供应。然而,太阳能热水系统也存在一些局限性和挑战。首先,系统的效率受到天气和地理位置的影响,如在连续多云或雨天时,可能无法收集足够的太阳能来满足热水需求,特别是在冬季和日照时间较短的地区,这种情况尤为突出。此外,系统的安装需要合适的空间,尤其是对于集热器的布置,这在空间受限的城市环境中可能成为一个问题。太阳能热水系统的初始安装成本相对较高,包括集热器、储水罐、管道和安装费用,这可能对某些家庭或企业构成经济负担。尽管存在政府补贴和激励措施,但前期投资仍是许多潜在用户需要考虑的因素。此外,太阳能热水系统需要定期维护以保持最佳运行状态,如清洁集热板以去除灰尘和杂物,检查和维护系统组件,这增加了运行成本。系统的设计和安装质量对其性能有显著影响,不当的设计或安装可能导致热效率低下,影响系统的整体性能。技术的复杂性和用户对太阳能热水系统的了解不足也可能限制其广泛应用,用户需要充分了解系统的运作原理、维护需求和潜在的节能效益,才能确保系统的有效利用和长期运行。

总之,太阳能热水系统以其节能环保、经济高效的特点,在各种应用场景中展现出巨大的潜力和价值。通过仔细考虑系统设计、集热器选型、安装位置、可靠性维护以及经济性等因素,可以最大化太阳能热水系统的性能和效益,为实现绿色、可持续的能源利用目标作出贡献。

5.3.2 太阳能制冷系统

太阳能制冷系统是一种利用太阳能作为主要能源来提供制冷服务的技术。随着全球对可再生能源需求的增长以及对减少化石燃料依赖和温室气体排放的关注,太阳能制冷系统作为一种绿色、可持续的制冷方案,越来越受到重视。这种系统不仅适用于住宅和商业建筑的空调需求,还可以用于食品保存、医药储存等领域,特别是在电力供应不稳定或成本较高的地区。

　　太阳能制冷系统主要通过两种方式运行:太阳能光伏制冷和太阳能热驱动制冷。太阳能光伏制冷系统利用太阳能光伏板将太阳光直接转换为电能,再使用这些电能来驱动传统的电制冷系统,如压缩机制冷。这种方式的优势在于其直接利用太阳能发电,系统结构相对简单,易于集成和安装。另一种方式是太阳能热驱动制冷,它主要依赖于太阳能集热器捕获太阳热能,并将这些热能用于驱动制冷循环。太阳能热驱动制冷系统常见的技术包括吸收式制冷和吸附式制冷。吸收式制冷系统使用特定的工质对(如水/溴化锂)在热能的作用下完成蒸发和吸收循环,从而实现制冷效果。吸附式制冷则利用固体吸附剂(如硅胶)在不同压力下的吸附和脱附过程来产生制冷效果。这两种热驱动制冷技术都能有效地将太阳热能转换为制冷能力,尤其适合在夏季高温、太阳辐射强烈时使用。

　　太阳能制冷系统的效率和性能受多种因素影响。首先,系统的设计和配置对其效能至关重要,包括选择适合的太阳能集热器类型、制冷技术以及系统尺寸的匹配。其次,太阳能制冷系统的性能高度依赖于太阳辐射的强度和可用性,这意味着地理位置、季节变化和一天中的时间都会对系统的输出产生影响。此外,环境温度也是一个重要因素,过高或过低的环境温度都可能影响系统效率和制冷效果。因此,系统的热绝缘性能和能够适应不同环境条件的能力也非常关键。

　　太阳能制冷系统作为一种利用太阳能提供制冷能力的技术,已经开始在多个领域显示出其广阔的应用潜力。这种系统不仅适合用于住宅和商业建筑的空调需求,也在食品加工、医疗保健、工业冷却及农业保鲜等领域发挥着重要作用。在住宅和商业建筑中,太阳能制冷系统能够提供有效的空间冷却,帮助降低传统电力制冷系统的能源消耗和运营成本。在食品加工和储存领域,太阳能制冷技术能够确保食品在处理和储存过程中的低温需求,有助于延长食品的保质期,减少食品损耗。医疗保健领域,尤其是在偏远地区或电力供应不稳定的地区,太阳能制冷系统可以为药品储存提供稳定可靠的冷链解决方案。太阳能制冷还可应用于工业生产过程中的冷却需求以及农业保鲜,特别是在温室栽培中维持适宜的温度,促进作物生长。

　　在选取太阳能制冷系统时,需注意以下几个关键问题,以确保系统的有效性和经济性。首先,考虑系统的规模和容量是否与制冷需求相匹配。太阳能制冷系统的设计需要基于具体的制冷负荷和使用模式来进行,以避免过度设计或容量不足的问题。其次,太阳辐射的强度和稳定性是影响系统性能的重要因素。选择太阳能制冷系统的地点应该考虑到当地的太阳辐射水平,以及可能的季节性变化和日照时间,以保证足够的太阳能供应。此外,系统的效率和技术成熟度也需要考虑。不同的太阳能制冷技术,如吸收式、吸附式或光伏驱动的制冷,各有其特点和适用条件,选择时应评估其技术成熟度、能效比以及与项目需求的适配性。

太阳能制冷系统的初始投资成本相对较高,包括太阳能集热器、制冷设备以及安装费用等,因此,经济性分析是必不可少的环节。投资回报率、运营维护成本以及可能的政府补贴和激励措施都应纳入考量范围。同时,系统的维护和可靠性也是选取时需关注的问题。太阳能制冷系统需要定期的维护和检查,以确保长期的稳定运行和最佳性能,因此选择有良好售后服务和技术支持的供应商十分关键。

太阳能制冷技术通过利用太阳能,不仅减少了对传统化石燃料的依赖,而且在减轻全球变暖和促进可持续发展方面发挥着积极作用。太阳能制冷技术具有显著的环保优势,因为它使用的是几乎无限的、清洁的太阳能资源,从而大大减少了温室气体排放和其他污染物的排放。随着太阳能技术的不断进步和成本的逐渐降低,太阳能制冷系统的经济性也在不断提高。在长期运行过程中,这种系统能够为用户节省大量的电力和能源成本,尤其是在炎热的夏季,当制冷需求大幅上升时,太阳能制冷系统的经济效益更为显著。此外,太阳能制冷技术的应用还具有较高的灵活性和广泛性,它不仅适用于住宅和商业建筑的空调系统,还可以用于农业、工业和医疗保健等领域的特定冷却需求。然而,太阳能制冷技术也存在一些局限性和挑战。首先,太阳能制冷系统的初始安装成本相对较高,需要投资于太阳能集热板、制冷设备以及相应的控制系统,这对于一些预算有限的用户或项目来说可能是一个较大的经济负担。其次,太阳能制冷系统的效率受到地理位置、季节变化和日照条件的影响。在阴天或雨天,太阳辐射强度降低,可能会影响系统的制冷效果和稳定性。再次,太阳能制冷技术需要适当的空间来安装太阳能集热板,这在城市密集区或空间有限的场所可能是一个挑战。且太阳能制冷系统的设计和安装较为复杂,需要专业的技术知识和经验,确保系统的有效运行和最大化的能效。最后,太阳能制冷系统的运行和维护也需要考虑,虽然太阳能本身是免费的,但系统的长期维护、可能的零部件更换以及运行中的调整均涉及额外的人工和成本。

总而言之,太阳能制冷技术在推动能源转型、减少环境影响以及提高能源使用效率方面具有巨大的潜力和优势。然而,要充分发挥这种技术的潜力,还需要克服高初始成本、技术复杂性以及对日照条件的依赖等挑战。随着技术的持续进步、成本的进一步降低以及更多创新解决方案的出现,太阳能制冷技术有望在未来得到更广泛的应用,为实现更加绿色、高效和可持续的冷链系统作出贡献。

5.3.3 建筑一体化光伏系统

建筑一体化光伏系统是一种将光伏技术与建筑设计和功能结合的先进解决方案,它不仅能够生成电力,还能作为建筑结构的一部分,如屋顶、墙面或窗户等,从而实现能源产生与建筑美学的完美融合。这种系统通过将光伏材料直接整合到建筑结构中，不仅提高了建筑物的能源效率，还增强了建筑的外观和功能性。

　　建筑一体化光伏系统的运行原理基于光伏效应，即当光线照射到光伏材料（通常是硅基半导体）上时，光能激发电子从价带跃迁到导带，产生自由电子和空穴，形成电流。这种过程在建筑一体化光伏系统中被用来直接将太阳能转化为电能，供建筑物使用或馈入电网。与传统的太阳能光伏系统相比，建筑一体化光伏的独特之处在于其与建筑的一体化设计，这意味着光伏系统的安装不需要额外的支架结构，而是直接作为建筑的一部分，如替代传统的屋顶瓦、作为透明的窗户或幕墙等。其性能和效率受多种因素影响。首先，光伏材料的选择至关重要，不同类型的光伏材料（如晶体硅、薄膜硅、染料敏化太阳能电池等）具有不同的光电转换效率和适用条件。其次，系统的设计和安装位置对于最大化太阳能捕获至关重要，理想的安装位置应考虑到建筑物的方向、倾斜角度以及可能的遮挡，以确保最大程度的太阳光照射。再次，地理位置和气候条件也会影响建筑一体化光伏系统的性能，不同地区的日照强度和持续时间对系统产生的电力有直接影响。建筑一体化光伏系统的选型和设计还需考虑建筑美学和功能性需求。其较高的初始投资成本和可能的维护费用需要通过详细的成本效益分析来评估。作为建筑设计的一部分，建筑一体化光伏系统应与建筑的整体风格和功能需求相协调，这可能包括对光伏材料颜色、形状和透光性的特殊要求。此外，建筑一体化光伏项目的经济性也是一个重要考虑因素，虽然建筑一体化光伏系统能够提供长期的能源节省，但其较高的初始投资成本和可能的维护费用需要通过详细的成本效益分析来评估。

　　对于建筑一体化光伏系统，其优势在于它提供了一种节能减排的方法，能够直接利用太阳能，减少对化石燃料的依赖，从而降低温室气体排放，对促进可持续发展和应对气候变化具有重要意义。此外，建筑一体化光伏系统能够在不占用额外空间的情况下生成电力，这对于土地资源有限的城市地区尤为重要。建筑一体化光伏系统还能够提高建筑的能源自给自足率，长期来看有助于降低能源费用，提高能源安全。然而，建筑一体化光伏系统技术也面临一些挑战和局限性。首先，建筑一体化光伏系统项目的初始投资成本相对较高，不仅包括光伏材料的成本，还包括设计、安装和维护等相关费用。这种高初始成本可能会阻碍一些项目的实施，尤其是在缺乏政府补贴和财政激励措施的情况下。其次，建筑一体化光伏系统的设计和安装复杂度较高，需要跨学科的专业知识，包括建筑设计、光伏技术和电气工程等，这要求设计和施工团队具有专门的技能和经验。再次，建筑一体化光伏系统的效率受到多种因素的影响，如安装位置、倾斜角度以及周围环境等，不恰当的设计可能会影响系统的性能和电力产出。而且，由于建筑一体化光伏系统通常与建筑结构紧密结合，一旦发生技术更新或需要维修更换,可能会涉及较大的改动,增加了系统的长期运维成本。

建筑一体化光伏系统凭借其节能环保、美观实用的特点,被视为建筑领域推进绿色能源转型的重要技术之一。随着光伏材料成本的降低、技术的进步及设计理念的创新,预计建筑一体化光伏系统将在未来的建筑设计和施工中发挥更加重要的作用,为实现建筑业的可持续发展贡献力量。

第6章
园区建筑能源调节技术

6.1　建筑能源设备调控技术

建筑能源设备调控技术是指用于优化建筑内能源使用、提高能效、确保室内舒适度和环境质量的各种技术和系统。这些技术通常涉及建筑的供暖、通风、空调、照明、水系统以及其他能源相关设备的智能控制。

6.1.1　蓄热蓄冷

蓄热蓄冷系统是一种先进的建筑能源管理技术,它通过在能源需求低谷期间储存热能或冷能,然后在需求高峰时释放这些能量来满足建筑的供暖、制冷需求。这种技术可以显著提高能源使用效率,减少能源消耗,同时还有助于平衡电网负荷,降低运营成本。

蓄热系统通常利用水、岩石、相变材料或其他介质作为储能介质,通过电加热或太阳能集热器在夜间或阳光充足时加热储存介质。当建筑需要供暖时,储存的热能可以通过热交换系统传递给建筑内部。相反,蓄冷系统则在夜间或电力需求低谷期间使用制冷机组制冷,将冷能储存在冷藏水池或冰蓄冷系统中,待到白天或需求高峰时通过空调系统将冷能释放,以满足建筑的冷却需求。

蓄热蓄冷系统的运行效率和性能受多种因素影响。储能介质的选择至关重要,不同的介质具有不同的热容量、热导率和相变特性,这些属性直接影响系统的储能能力和热交换效率。系统设计也是一个关键因素,包括储能容量的计算、热交换器的设计、管道布局等,都需要精确设计以确保系统的高效运行。此外,外部环境条件,如气温变化、日照条件、电价变动等,也会对系统的运行效率产生影响。例如,蓄冷系统在夏季高温时期的效果更佳,而蓄热系统则在冬季低温时期更为有效。在应用蓄热蓄冷系统时,还需注意几个问题。首先是系统的初始投资和运行成本。虽然蓄热蓄冷系统能够长期节省能源费用,但其高初始安装成本可能是一大挑战。其次,系统的维护和寿命也需考虑。定期维护和检查是确保系统长期稳定运行的关键。最后是系统的集成和兼容性问题。如何将蓄热蓄冷系统与现有的 HVAC 系统或新建筑项目有效集成,需要专业的设计和规划。

蓄热蓄冷技术在商业建筑、住宅、工业设施、数据中心、农业设施,以及地区供热供冷系统中都有广泛应用。在商业建筑和住宅领域,蓄热蓄冷技术可用于空调系统,通过在夜间蓄冷,白天释放冷能来降低空调运行成本和峰值电力需求。这对位于高温气候区的建筑尤其有效,能够显著减少夏季空调的能耗。在工业设施中,蓄热技术可应用于需求热能的工艺过程中,例如通过太阳能或低谷电价时段产生的热能进行储存,然后在生产高峰时段供热,以此降低能源消耗和成本。数据中心是另一个蓄冷技术的应用场景,用于管理服务器运行产生的大量热量,保持设备在最佳温度下运行,从而提高效率和可靠性。在农业领域,蓄冷技术可用于温室的温度调节,保证作物生长所需的适宜温度,尤其是在夜间或炎热的夏季。地区供热供冷系统中引入蓄热蓄冷技术,可以平衡区域内的能源供需,提高系统整体的能源效率和稳定性。

应用蓄热蓄冷技术时,需要注意几个关键问题以确保技术的有效实施和运行。首先,储能材料的选择至关重要,不同的储能介质(如水、冰、相变材料等)具有不同的热容、热导率和成本,选择合适的储能介质可以最大化蓄热蓄冷效率和经济性。其次,系统设计需要考虑到实际应用的具体需求,包括储能容量、充放电速率以及与现有能源系统的集成等,以确保系统的性能符合预期。此外,经济性分析不可忽视,虽然蓄热蓄冷技术能够长期节省能源成本,但较高的初始投资和可能的维护成本也需要在项目规划阶段进行全面评估。最后,技术的实施还需考虑相关法规和标准,确保系统设计和运行符合当地的规定和要求。

蓄热蓄冷技术的优点显而易见。通过在电力需求较低的时段储存能量,该技术能够有效利用电网的过剩能力,帮助平衡电力供需,减少电力浪费。这不仅可以提高能源利用效率,还能够为能源用户带来经济效益,通过利用低谷电价,减少能源成本。此外,蓄热蓄冷技术能够增加建筑物的能源自给自足能力,减少对外部能源供应的依赖,从而提高能源安全水平。在环境效益方面,该技术通过减少化石燃料的使用,有助于降低温室气体排放,促进可持续发展。蓄热蓄冷系统还能够提高建筑物内部的舒适度,通过在需求低谷期制备冷热源,确保在高峰时段能够快速响应,满足室内温度调节的需要。然而,蓄热蓄冷技术也存在一些局限性和挑战。最显著的是高初始投资成本,尽管长期运营可以实现节能减费,但高额的前期设备和安装费用可能会阻碍一些项目的实施。此外,蓄热蓄冷系统的设计和实施相对复杂,需要精确的计算和专业的技术支持,以确保系统能够有效地与现有的能源系统集成,同时满足特定的能源需求。蓄热蓄冷技术的效率受到多种因素的影响,包括气候条件、储能介质的性能以及系统的整体设计,这要求对系统进行细致的规划和优化。在某些情况下,蓄热蓄冷系统可能需要较大的空间来安装储能设备,这对于空间有限的场所来说是一个挑战。最后,系统的维护和长期运行成本也需要考虑,定期的检查和维护是确保系统效率和延长使用寿命的关键。

总而言之,蓄热蓄冷技术为能源管理提供了一种有效的手段,能够在提高能源效率、降低运营成本的同时,为环境保护作出贡献。尽管存在初始投资高、系统设计复杂等挑战,但随着技术的进步和成本的降低,预计蓄热蓄冷技术将在未来获得更广泛的应用,成为推动能源转型和实现可持续发展目标的重要工具。

6.1.2　智能照明控制系统

智能照明控制系统作为现代科技进步的产物,融合了自动控制技术、传感器技术、无线通信技术与互联网技术,旨在实现照明系统的智能化管理与控制。这种系统能够自动调节照明的亮度、色温和开关状态,以适应人们的生活和工作需求,同时实现能源的有效节约和使用效率的最大化。智能照明控制系统不仅提高了照明的舒适性和灵活性,还对节能减排、环境保护以及推动智能建筑和智慧城市的发展具有重要意义。

智能照明控制系统的运行原理主要基于对环境光线条件、人员活动和预设照明场景的实时监测与分析。系统通过安装在不同位置的光照传感器和运动传感器,不断收集室内外的光照强度信息和是否有人的活动信息。这些信息被传输至中央处理单元,中央处理单元根据预设的控制逻辑或通过学习用户的使用习惯和偏好,处理这些信息,并发出相应的控制指令。这些指令通过无线或有线的通信网络传输给照明设备,从而实现对照明亮度、色温和开关状态的精确调节。除此之外,用户还可以通过智能手机、平板电脑或声音控制设备等,远程控制照明系统,设置个性化的照明场景,以满足不同时间、场合的照明需求。

智能照明控制系统的实现和效果受到多种因素的影响。环境因素是影响系统性能的重要方面,包括自然光的变化、季节更替和天气条件等,这些因素都会影响系统对室内外光照条件的感知和调节策略。技术因素也至关重要,传感器的精度、控制算法的智能化水平、通信网络的稳定性等都直接影响到系统的响应速度和控制准确性。此外，用户行为对智能照明系统的影响不容忽视，不同用户对照明强度、色温的偏好各不相同，智能照明系统需要能够识别并适应这些个性化需求，以提供更令人满意的照明解决方案。系统的安装和配置也是决定其运行效果的关键因素，正确的传感器布局和合理的系统配置对于确保照明控制的精确性和高效性至关重要。

　　智能照明控制系统已经逐渐渗透到我们的家庭、办公室及公共空间中，其核心价值在于通过智能化手段实现照明效率的最大化及能源消耗的最小化。这种系统通过感知环境光线变化、人体活动等信息，自动调整照明强度和开关状态，不仅提高了用户体验，还有助于节能减排。然而，与所有技术产品一样，智能照明控制系统在带来便利和效益的同时，也存在一定的局限性和挑战。智能照明控制系统的优势主要体现在以下几个方面：首先，它能够显著提高能源利用效率，减少不必要的电力消耗。通过精确控制照明强度和使用时间，智能照明系统能够确保仅在需要时提供适当的照明，避免资源浪费。其次，系统通过提供定制化的照明解决方案，增加了居住和工作环境的舒适性和灵活性。用户可以根据个人偏好或特定活动需求，轻松设置照明模式，创造理想的氛围。再次，智能照明控制系统还具有操作简便、易于管理的特点，用户可以通过智能手机、语音助手等多种方式远程控制照明，实现真正的智能家居生活。

　　尽管智能照明控制系统具有显著的优势，但其发展仍面临一些挑战和限制。首先，高昂的初始安装成本和维护费用是阻碍其普及的主要因素之一。尽管长期来看智能照明系统能够通过节能减少电费支出，但前期的投资仍然是一个不小的负担。其次，技术复杂性和用户接受度也是影响其广泛应用的重要因素。对于非技术用户来说，配置和管理一个智能照明系统可能会遇到一定的困难，而对于智能技术的疑虑和不信任也可能影响用户的采纳意愿。再次，隐私和安全问题也是智能照明系统必须面对的挑战，随着系统与互联网的连接越来越紧密，数据泄露和系统被黑的风险也随之增加。

　　面对现有的挑战，智能照明控制系统的未来发展方向将聚焦于几个关键领域。首先，技术创新将持续推动系统成本的降低和性能的提升，使得智能照明系统更加经济实用，易于普及。例如，通过改进传感器技术、开发更高效的控制算法和降低硬件成本，可以有效减少系统的总体投资和运营费用。其次，用户体验的优化也是未来发展的重点，通过简化系统配置和操作流程，提供更加直观友好的用户界面，可以提高用户的接受度和满意度。此外，加强数据安全和隐私保护措施，建立用户信任，也是促进智能照明系统广泛应用的关键。

随着物联网、人工智能等技术的发展,智能照明控制系统将更加智能化和个性化,能够更准确地理解用户需求,提供更加精细化的照明控制方案。例如,通过深度学习算法,系统可以自动学习用户的照明偏好和生活习惯,自动调整照明设置以适应用户的实际需求。智能照明系统将更好融入智能家居和智慧城市的生态系统中,与家庭安全、能源管理等其他智能系统协同工作,实现更加综合的智能控制和管理。

总之,智能照明控制系统凭借其节能高效、提高舒适度和便捷管理的优点,正成为现代照明领域的重要发展趋势。面对挑战,通过技术创新和用户体验的不断优化,智能照明系统的未来将更加智能化、个性化,为用户提供更加舒适和环保的照明环境,推动智能建筑和智慧城市的发展。

6.1.3　空调系统优化控制技术

空调系统优化控制技术是当前建筑能源效率提升领域的重要研究方向之一。随着全球对节能减排的日益重视以及智能化技术的快速发展,优化空调系统的控制技术不仅能显著降低能源消耗,还能提高用户的舒适度,实现经济与环境双重效益的提升。这种技术通过集成先进的传感器、智能算法和控制策略,对空调系统的运行参数进行实时监测和智能调整,以达到最优的能源利用效率。

空调系统的优化控制技术主要涵盖了负荷预测、系统调度、环境适应调整、故障诊断与健康管理等方面。通过对室内外环境条件、用户行为习惯以及能源价格等因素的综合考虑,这些技术能够智能地调节空调系统的运行状态,例如调整制冷(或制热)量、风机速度、湿度等,以适应实际需求的变化,同时最小化能源消耗。

在实际应用中,空调系统优化控制技术可分为几个主要类别,包括基于预测的控制技术、实时反馈控制技术、模糊逻辑控制技术,以及基于机器学习的控制技术等。基于预测的控制技术,主要依据天气预报、建筑物负荷和用户行为等数据进行能耗预测,提前调整空调系统的运行策略,以期达到预期的节能效果。实时反馈控制技术则侧重于利用实时监测到的环境和系统运行数据,动态调整控制策略以优化系统性能。模糊逻辑控制技术通过模糊化处理不确定性的信息,提高系统的适应性和鲁棒性。而基于机器学习的控制技术,则是通过分析大量历史数据,训练出能够预测系统性能和指导系统优化控制决策的模型。

这些优化控制技术的实施能够显著提高空调系统的节能效果。一方面,通过减少不必要的能源浪费,优化系统运行模式,可以直接降低能源消耗;另一方面,通过提高系统运行的灵活性和智能化水平,可以间接提升能源使用效率,延长设备寿命,减少维护成本。在实际案例中,采用这些优化控制技术的空调系统,通常能实现 10% ~30% 的能耗节省,具体节能效果取决于建筑类型、系统配置、控制策略的复杂度以及实施的精度等因素。

空调系统优化控制技术的发展在近年来取得了显著进步,为提高能源效率、降低运营成本及提升用户舒适度提供了有效的解决方案。然而,尽管这些技术带来了诸多好处,它们在实际应用中仍面临着一系列挑战和瓶颈,这些问题的存在限制了优化控制技术的进一步推广和应用。首先,技术集成与系统兼容性问题是当前空调系统优化控制技术面临的主要瓶颈之一。现有的建筑空调系统往往涉及多个子系统和设备,它们之间的互操作性差,难以实现有效集成。其次,老旧建筑中的空调系统升级改造难度大,新的控制技术往往难以与旧系统完美兼容,这大大限制了优化技术的应用范围和效果。再次,数据处理和分析能力的限制也是一个重要瓶颈。优化控制技术的高效运行依赖于大量实时数据的处理和分析,包括环境数据、用户行为数据以及系统运行数据等。然而,数据采集的精准度、处理速度以及分析算法的复杂性都对系统的优化效果产生了直接影响。当前,尽管人工智能和机器学习技术的发展为数据处理提供了新的可能,但在实际应用中仍面临算法优化、计算资源配置以及数据安全和隐私保护等问题。最后,用户接受度和操作习惯也是限制空调系统优化控制技术发展的一个不容忽视的因素。用户对新技术的接受程度、使用习惯以及对舒适度的主观期待都会影响优化控制策略的实施效果。如何设计人性化的交互界面、提供易于理解和操作的控制策略,以及如何在确保节能效果的同时满足用户个性化需求,是当前技术发展需要解决的难题。

面对这些挑战和瓶颈,未来空调系统优化控制技术的发展方向将聚焦于以下几个方面。通过推动行业标准的制定和统一,提高不同设备和系统之间的互操作性,简化技术集成流程。同时,开发更加通用的控制接口和协议,促进新旧系统的无缝对接,降低技术升级改造的难度和成本;利用云计算、边缘计算等技术提高数据处理速度和效率,通过优化算法提升数据分析的准确性;加强对数据安全和隐私保护的重视,确保用户数据的安全性。在用户体验方面,通过研究用户行为和偏好,设计更加人性化的控制策略和交互界面。利用人工智能技术提供个性化的空调控制方案,提高用户的接受度和满意度。进一步地,开发具有自学习和自适应能力的智能控制算法,使系统能够根据环境变化和用户行为自动调整控制策略,实现更加精细化和智能化的空调系统优化控制。

总之,尽管当前空调系统优化控制技术面临着一系列挑战和瓶颈,但通过技术创新和跨学科合作,未来有望突破这些限制,实现更高效、更智能、更用户友好的空调系统控制解决方案,为节能减排和提升生活质量贡献力量。

6.1.4　分布式能源管理技术

分布式能源管理技术是随着分布式能源资源(如太阳能光伏、风能、小型水电、生物质能以及各种形式的储能系统)的广泛应用而发展起来的一套综合技术体系。它通过先进的信息通信技术、自动控制技术和能源互联网技术,实现对分布式能源的有效监控、调度和优化管理,以提高能源利用效率,确保能源系统的稳定运行,促进可再生能源的大规模接入,并实现能源的节约与减排。

分布式能源管理技术主要涉及能源的监测、预测、调度、优化和交易等多个方面,它不仅关注单一能源的高效利用,还强调不同能源之间的协调和互补,以及与传统能源网格的互动。通过实时数据采集与分析,能够对能源生产、存储和消费进行全面管理,实现能源供需平衡,减少能源浪费,并提高系统对可再生能源波动性和不确定性的适应能力。

在技术分类上,分布式能源管理技术主要可以分为能源监测与诊断技术、能源预测技术、能源优化调度技术、能源交易与市场运营技术等。能源监测与诊断技术主要依靠安装在各个能源节点的传感器和测量设备,实时收集能源生产和消费的数据,通过数据分析软件进行能效诊断,识别能源使用中的不足,为能源优化提供依据。能源预测技术则利用历史数据和各种预测模型,对能源生产和消费进行短期和长期预测,帮助管理者制订更合理的能源调度计划。能源优化调度技术通过算法模型,对能源生产、转换、存储和消费过程中的各个环节进行优化配置,以最低的成本实现能源供需平衡。能源交易与市场运营技术则关注分布式能源的市场化运作,通过建立能源交易平台,促进能源的买卖双方进行直接交易,提高能源资源的配置效率。

应用效果方面,分布式能源管理技术已经在多个领域显示出其显著的经济和环境效益。在经济效益方面,通过提高能源利用效率,降低能源成本,提升系统运行的灵活性和可靠性,为用户创造了直接的经济收益。在环境效益方面,该技术通过促进可再生能源的广泛应用,有助于减少温室气体排放和化石能源的消耗,促进能源的清洁和可持续发展。此外,分布式能源管理技术还能提升能源系统的韧性,增强对极端天气和突发事件的应对能力,提高社会经济系统的整体安全性。

尽管分布式能源管理技术在各个领域都取得了显著的进展,但仍然存在一些瓶颈和挑战,这些问题需要克服,以实现更广泛的应用和更大的社会经济效益。首先,分布式能源管理技术面临的一个主要瓶颈是技术复杂性和成本。建立一个完整的分布式能源管理系统通常需要大量的传感器、监控设备、通信网络和数据分析工具,这些设备的部署和维护成本较高。此外,复杂的算法和模型需要高度专业的技术支持,增加了技术实施的门槛。在一些小型或资金有限的项目中,这些成本可能成为限制因素。其次,数据隐私和安全问题是分布式能源管理技术发展中的一大挑战。分布式能源系统需要实时收集和传输大量的能源数据,包括用户能源使用行为、系统运行状态等敏感信息。如果这些数据被不法分子获取或篡改,可能会对用户的隐私和系统的安全性造成严重威胁。因此,建立安全的数据传输和存储机制,确保数据隐私和安全是亟待解决的问题。再次,分布式能源系统的规模和复杂性不断增加,这对系统管理和运维提出了更高的要求。大规模分布式能源系统的运行需要有效的监控和管理,以保证系统的可靠性和稳定性。对于多种能源类型的混合系统,如太阳能、风能、储能等的协调管理也是一个具有挑战性的问题。最后,分布式能源管理技术的发展还受到政策和法规的影响。不同国家和地区对分布式能源的政策和监管要求各不相同,这可能导致技术和市场的碎片化,降低了系统的互操作性和可扩展性。因此,建立统一的政策框架和标准化的监管机制对于分布式能源管理技术的发展至关重要。

未来,分布式能源管理技术的发展方向将集中在几个方面,通过技术创新降低分布式能源管理系统的部署和运维成本。例如,利用物联网技术、边缘计算技术以及开源软件等,降低设备和软件的成本,提高系统的可扩展性和灵活性。同时加强数据隐私和安全保障措施,确保能源数据的安全传输和存储。采用先进的加密和身份验证技术,建立多层次的数据安全体系,保护用户的隐私。进一步地,发展智能化的系统管理和运维工具,实现对分布式能源系统的自动化监控和故障诊断。利用人工智能和大数据分析技术,提高系统的可靠性和稳定性。积极参与国际标准化工作,推动分布式能源管理技术的标准化和规范化。制定适应不同国家和地区政策的通用性标准,降低技术和市场的碎片化程度。最后,需要加强分布式能源系统与传统能源网格的互联,实现能源的共享和协同管理。通过建立能源互联网,促进不同能源之间的协同和优化。

总之,尽管分布式能源管理技术仍然面临一系列挑战,但随着技术的不断发展和政策的支持,它有望成为未来能源系统的关键组成部分,为可持续能源发展和能源供应安全作出贡献。通过技术创新和综合解决方案的推动,分布式能源管理技术将逐步克服当前的瓶颈,实现更加智能、高效和可持续的能源管理。

6.1.5 楼宇自动化技术

楼宇自动化系统(Building Automation Systems, BAS)是利用先进的信息技术、自动控制技术和网络通信技术,对建筑物中的各种设备系统进行集中监控、管理和优化运行的系统。这些设备系统通常包括暖通空调、照明控制、安全和监控系统、能源管理等。楼宇自动化系统不仅能够提高建筑环境的舒适度和安全性,还能有效降低能耗,实现节能减排的目标。

楼宇自动化系统的核心在于其三大技术支柱:传感器技术、控制策略以及网络通信技术。传感器负责收集环境数据(如温度、湿度、光照强度等)和设备状态信息,这些数据被送往中央控制器。中央控制器根据预设的控制策略和算法,分析数据并做出相应的控制决策,通过执行器影响各种设备的运行状态。网络通信技术则保证了系统各部分之间的信息流畅交换,包括有线和无线网络技术,如Ethernet、Wi-Fi、ZigBee等。

楼宇自动化系统根据其功能和应用领域主要可以分为暖通空调控制系统、照明控制系统、安全与监控系统以及能源管理系统。这些系统协同工作,通过对建筑内温度、湿度、空气质量、照明条件的精确控制,以及对安全监控和能源使用的有效管理,共同提升建筑的舒适度、安全性和能源使用效率。暖通空调控制系统确保室内环境的舒适与健康;照明控制系统根据需求自动调节光线,以达到节能和提高舒适度的目的;安全与监控系统保障建筑安全,防范非法入侵和其他安全威胁;能源管理系统则通过监测和管理建筑的能源使用,实现节能减排的目标。这些分类反映了楼宇自动化系统在实现高效建筑管理和运营方面的多面性和综合性。

楼宇自动化系统广泛应用于各类公共建筑和高端住宅区,包括但不限于办公建筑、商业建筑、酒店、医院、学校等。在这些应用场景中,楼宇自动化系统通过智能化的控制和管理,显著提升了建筑环境的舒适度和安全性,同时有效降低能源消耗,优化能源使用效率。这种系统使得建筑物的运营管理变得更加高效和便捷,为用户创造了更加健康、舒适、安全的居住和工作环境。随着技术的进步,楼宇自动化系统的应用场景正不断扩展,带来的好处也越来越多,逐渐成为现代建筑设计和建筑管理中不可或缺的一部分。

随着技术的发展和市场需求的变化,楼宇自动化系统面临着诸多挑战和瓶颈,这些挑战既涉及技术层面,也涉及市场和管理层面。首先,技术集成和兼容性问题是楼宇自动化系统普遍面临的一个重要瓶颈。现有的楼宇自动化系统往往由不同厂商的设备和技术组成,这些设备和系统之间的兼容性和互操作性不足,给系统的整合、升级和维护带来了困难。此外,随着新技术的不断涌现,如何将这些新技术有效地融入现有系统,提升系统的性能和功能,是当前楼宇自动化系统发展中需要解决的技术问题。其次,数据安全和隐私保护是楼宇自动化系统亟须关注的问题。楼宇自动化系统收集和处理大量有关建筑运行和用户行为的数据,这些数据的安全性和隐私保护面临着来自网络攻击和数据泄露的威胁。如何确保系统的安全性,保护数据不被非法访问和使用,是楼宇自动化系统未来发展中必须重视的问题。再次,随着人们对建筑舒适度和环境保护意识的提高,用户对楼宇自动化系统的需求越来越个性化和多样化。然而,目前的楼宇自动化系统往往缺乏足够的灵活性和可定制性,无法完全满足用户的个性化需求。如何设计和实现更加灵活、智能的楼宇自动化系统,以适应不同用户的需求,是楼宇自动化系统需要解决的另一个重要问题。

面对这些挑战和瓶颈,楼宇自动化系统的未来发展方向主要包括以下几个方面。首先,加强系统的集成性和兼容性。通过采用开放标准和协议,提高不同设备和系统之间的互操作性,使系统更加灵活和可扩展。同时,发展更加智能的中央控制技术,实现对各种设备和系统的高效管理和控制。其次,强化数据安全和隐私保护。采用先进的加密技术和安全协议,保护数据传输和存储的安全。同时,建立严格的数据管理和访问控制机制,确保用户数据的隐私得到有效保护。再次,发展智能化和个性化的楼宇自动化技术。利用人工智能、机器学习等技术,分析用户行为和偏好,提供更加个性化的服务。同时,开发更加用户友好的界面和交互方式,提升用户体验。最后,加强楼宇自动化系统与其他智能系统的融合,如智能电网、智能交通系统等,实现智慧城市的整体布局。通过系统间的深度融合和数据共享,提高能效管理和资源利用的效率,促进可持续发展。

总之,楼宇自动化系统的未来发展将是一个综合性的进程,需要技术创新和管理智慧的共同努力。通过解决现有的瓶颈问题,楼宇自动化系统将能够更好地满足未来建筑的需求,为人们创造更加智能、舒适、安全的居住和工作环境。

6.2　区域能源规划调节技术

区域能源规划与调节技术在近年来经历了显著的变革,这些变化主要体现在规划理念、技术手段以及调节策略上,旨在更有效地应对能源需求的不断变化,提升能源利用效率,同时减少环境影响。随着可再生能源技术的发展和数字化管理工具的应用,区域能源规划与调节技术正逐渐向着更加智能化、绿色化的方向发展。

在过去,区域能源规划主要侧重于满足区域内的能源需求,注重的是能源供应的稳定性和安全性,调节技术多依赖于传统的能源管理系统和调度策略。然而,随着全球能源结构的转型和气候变化问题的日益严峻,新的规划原则和技术手段被逐步引入,使得区域能源规划与调节技术的发展焦点转移到了提升能源系统的灵活性、高效性和环境友好性上。

现代区域能源规划强调系统的综合性和可持续性,不仅考虑传统的化石能源,更加注重可再生能源的集成和利用,如太阳能、风能、地热能等。同时,规划过程中采用高度数字化和智能化的工具,如能源流动模拟、需求响应分析和碳排放评估等,以优化能源配置,实现能源供需平衡的同时,使环境影响最小化。

在调节技术方面,现代区域能源系统越来越多地采用了智能调控技术和能源存储技术。智能调控技术通过实时监测能源需求和供应情况,自动调整能源分配和消耗模式,提高系统的响应速度和调节效率。能源存储技术则解决了可再生能源供应的间歇性和不稳定性问题,通过储能设施存储过剩的能源,在需求高峰时释放,保证能源供应的连续性和可靠性。

此外,区域能源系统的规划与调节也越来越注重用户参与和多能互补。通过需求侧管理策略,鼓励用户通过价格信号或直接控制调节自身的能源消费,实现能源需求的弹性调整。多能互补则是指在区域能源系统中综合利用多种能源资源,通过能源转换和互补使用,提高能源利用效率,降低系统运行成本。

在本节中,将从区域能源规划原理、区域供热供冷系统及区域冷热电三联供系统等方面进行阐述。

6.2.1　区域能源规划原理

区域能源规划的基本原理涉及多学科知识,包括经济学、环境科学、能源技术和管理学等,旨在实现能源的可持续利用。区域能源规划的基本原理是在满足区域能源需求的同时,最大限度地提升能源利用效率,减少能源系统对环境的影响,确保能源供应的安全性和可靠性。这一原理要求规划者深入分析区域能源需求的特点和趋势,充分考虑可再生能源和新能源技术的发展潜力,以及能源系统对环境的影响,综合运用多种技术和管理手段,优化能源结构,提高能源系统的灵活性和适应性。

在进行区域能源规划时,遵循的准则体现了规划者在确保能源供应的经济性、环境友好性、安全性以及社会责任方面的权衡与追求。经济性准则强调在满足能源需求的同时,追求成本效益最大化,提高能源系统的经济效率并尽量降低消费者的能源支出,这一准则的核心在于实现能源供应与使用的高效管理。然而,单纯追求经济效益可能会牺牲环境保护和社会公益,因此环境友好准则同样重要,它要求在能源规划和管理中充分考虑对环境的影响,推广清洁和可再生能源的使用,以减少污染物排放,支持可持续发展的长远目标。安全性准则关注能源供应的稳定性和可靠性,确保能源系统免受供应中断和安全风险的威胁,这对于维护社会稳定和经济发展至关重要。社会责任准则则体现了能源规划应考虑的公平性、促进地区经济发展和创造就业机会等社会价值目标,反映了对人文关怀和社会发展需要的重视。

这些准则之间存在着既竞争又互补的关系。经济性与环境友好性之间的平衡,安全性与社会责任的整合,要求规划者在不同目标间做出权衡,寻求最优解。例如,可再生能源项目虽可能初期投资较高,影响经济性,但长期来看能降低能源成本,减少环境污染,符合环境友好准则。同样,社会责任准则下的能源公平获取和经济性准则的低成本供应需要通过创新政策和技术手段来实现平衡。因此,区域能源规划的艺术在于如何综合这些准则,通过科学决策和技术创新,制订出既经济高效又环境可持续,同时保障能源安全并承担社会责任的综合能源解决方案。

基于以上准则对区域能源进行精细化的规划,可以确保能源供应的稳定性和安全性,满足区域经济发展和居民生活的能源需求,同时在全球能源资源日益紧张、环境污染和气候变化问题日益严峻的背景下,有效地提高能源利用效率,促进可再生能源和清洁能源技术的应用,减少能源生产和消费过程中的环境污染和温室气体排放,有助于保护环境、应对气候变化。此外,精细化规划还能够促进能源系统的优化升级,通过引入先进的能源技术和管理方法,提高能源供应和使用的灵活性和效率,降低能源成本,增强能源系统对外部冲击的韧性,提高能源供应的可靠性。同时,合理的区域能源规划有助于平衡不同能源形式的利用,优化能源结构,减少对单一能源的依赖,提升能源供应的多样性和安全性。从社会发展的角度来看,区域能源规划还能促进社会公平与经济发展,通过优化能源分配和提高能源利用效率,有助于降低社会能源成本,促进经济增长和就业,特别是在推广可再生能源项目和能源效率提升项目中,可以创造新的就业机会,促进地方经济发展,提高居民生活质量。

总之,区域能源精细化规划的准则不仅反映了对当前能源与环境挑战的应对策略,也体现了对未来社会发展方向的预期与承诺。随着技术的进步和社会价值观的演变,这些准则将继续演化,引导区域能源规划向着更加高效、绿色、安全和公正的方向发展。

6.2.2 区域供热供冷系统

区域供热供冷系统,是城市基础设施的重要组成部分,旨在通过集中的方式为大范围内的用户提供供热和供冷服务。这种系统通过高效地集中生产和分配热能或冷能,满足居民生活和商业活动的需求,相比于分散的供热供冷方式,具有更高的能源利用效率和更低的环境影响。

区域供热供冷系统通常由热源(或冷源)、输配热(冷)网络和用户终端三大部分组成。热源部分包括热电联产系统、锅炉房、地热能源、太阳能集热器等,冷源部分则可能包括大型冷水机组、天然冷能源如海水或大型冰蓄冷系统等。输配热(冷)网络负责将生产的热能或冷能通过管道输送到用户处,而用户终端则包括热交换站、室内散热器或风机盘管等设备,用于将热能或冷能转移给室内空气,达到供暖或制冷的目的。其核心是通过中央热源生产热水或蒸汽,然后通过保温的管道网络输送到用户处。用户通过热交换系统接收热量,用于室内供暖或生活热水。在供冷系统中,原理类似,但是传递的是冷能,通常通过中央冷源产生冷水,然后输送到用户处进行空调制冷。

区域供热供冷系统的运行效率和效果受多种因素的影响,这些因素共同决定了系统的能效和运行成本。首先,能源选择对系统性能有直接影响。采用的热源和冷源类型,如是否利用地热能、太阳能或传统的化石燃料,将决定系统的环境友好度和经济性。可再生能源的使用能显著降低环境污染和运行成本,但可能需要更高的初期投资和技术支持。其次,系统设计是另一个关键因素。有效的系统设计需要考虑到管网的最优布局、热交换站的合理设置以及设备的适宜选型,这些都对减少热能或冷能在输送过程中的损失、提高整体能源利用效率至关重要。一个优化的设计能够确保能量以最小的损耗被传输和分配,从而提高系统的整体性能。同时,运行管理对区域供热供冷系统的影响不可忽视。良好的运行管理包括对系统运行参数的实时监控、故障的及时排除,以及根据实际需求调整运行策略。这要求系统配备先进的监控技术和有经验的运营团队,以实现高效的能源利用和确保系统稳定运行。再次,环境温度是影响供热供冷负荷的重要外部因素。区域的气候条件,特别是冬季和夏季的极端温度,直接影响供热和供冷的需求量。冷热负荷的变化要求系统具有良好的调节能力,以满足不同季节和气候条件下的能源需求。从而建筑特性,包括建筑的保温性能、使用面积和室内热负荷等,也会对供热供冷效果产生影响。建筑的设计和材料选择决定了能量的需求量和保温效果,进而影响到供热供冷系统的负荷。优良的建筑保温性能可以显著降低能源消耗,减轻系统负担。最后,用户行为在区域供热供冷系统中也扮演着重要角色。用户的使用习惯、节能意识和对舒适度的需求直接影响能源的实际消耗。通过提高用户的节能意识和鼓励合理使用供热供冷设备可以进一步优化能源的使用效率。

随着能源需求的增长、环境保护要求的提高以及技术发展的推进,区域供热供冷系统面临着一系列挑战和瓶颈,这些挑战既包括技术层面的问题,也包括经济和管理方面的问题。技术层面的瓶颈主要体现在能源利用效率不高、系统运行成本较高、可再生能源利用比例低等方面。尽管区域供热供冷系统相比于分散供暖和空调系统在能效上有明显优势,但传统的热源(如燃煤锅炉)和冷源(如电驱动的制冷机)在能源转换和传输过程中仍存在较大损耗。此外,系统的初期建设投资大,维护成本高,特别是在老旧系统的升级改造中,需要巨额资金和技术投入,这对许多运营商和政府部门来说是一个不小的负担。从资源和环境的角度来看,传统能源的广泛使用在满足供热供冷需求的同时,也带来了二氧化碳和其他温室气体的大量排放,加剧了城市的热岛效应,对环境和公共健康构成威胁。而可再生能源在区域供热供冷系统中的应用虽然具有显著的环境效益,但由于技术限制、成本问题以及能源供应的不稳定性,其利用比例仍然较低。经济和管理方面的瓶颈则体现在资金投入不足、效益评价体系不完善、市场机制不成熟等方面。区域供热供冷系统需要大量的前期投资和持续的运维成本,而这对于运营商和政府来说是一笔不小的经济负担。同时,缺乏有效的效益评价和激励机制导致难以吸引私人资本参与系统的建设和运营。市场机制的不成熟也影响了区域供热供冷服务的价格形成和公平竞争,限制了行业的健康发展。

面对这些挑战和瓶颈,区域供热供冷系统的未来发展方向将主要集中在提高能源利用效率、促进可再生能源的广泛应用、降低系统运行成本以及完善市场机制和管理体系等方面。通过技术创新和系统优化,提高能源转换和传输的效率,减少能源损耗,是提升区域供热供冷系统性能的关键。例如,采用先进的热泵技术、余热回收系统以及智能调控技术可以显著提高系统的能效比。加大对可再生能源技术的研发和应用,如地热能、太阳能和生物质能等,可以减少对化石能源的依赖。

综上所述,区域供热供冷系统的运行效率和效果受到能源选择、系统设计、运行管理、环境温度、建筑特性以及用户行为等多方面因素的影响。通过综合考虑这些因素,采取相应的优化措施,可以显著提高系统的能效和经济性,同时减少环境影响,更好地满足用户的需求。

6.2.3 区域热电冷联供系统

冷热电联产技术,也被称为三联产技术或 CCHP(Combined Cooling, Heating and Power),是一种高效能源利用的系统,旨在通过同时生成电力、热能和冷能来最大化能源效益。这种技术在能源行业和可持续发展领域备受关注,因为它可以显著减少能源浪费,降低温室气体排放,并提高能源系统的整体效率。冷热电联产技术通常用于工业、商业和住宅建筑,以满足多种能源需求。

冷热电联产技术具有多种主要技术分类,每种分类都以其特定方式实现了能源的高效利用,为不同行业和应用领域提供了多种选择。①燃气冷热电联产(Gas CCHP)是一种广泛应用的技术。它利用燃气发电机,如燃气轮机或内燃机,将燃气(如天然气或生物气体)燃烧转化为电力。同时,系统捕获废热并将其用于供暖或工业过程。燃气冷热电联产还可以通过吸收式制冷机或吸附式制冷机来产生冷能,以满足制冷或空调的需求。这种技术在能源效率方面表现出色,因为它最大程度地减少了废热的浪费,并提供了多用途的能源解决方案。②蒸汽冷热电联产(Steam CCHP)是另一种重要的技术分类。它使用蒸汽发电机,通常通过锅炉将燃料(如天然气或燃煤)转化为蒸汽,然后使用涡轮发电机来产生电力。废热蒸汽可以用于供暖、工业过程或其他用途,从而实现了能源的多重利用。蒸汽冷热电联产系统还可以通过蒸发冷却系统来产生冷能,为制冷需求提供可靠的解决方案。这种技术在工业领域特别受欢迎,因为它可以满足高温和高压蒸汽的需求,适用于多种应用。③生物质冷热电联产(Biomass CCHP)是一种以可再生生物质燃料为基础的技术分类,木材废料、农业废弃生活垃圾等都可作为生物质来源。生物质燃烧产生的热能可用于供暖和热水供应,而余热通常用于制冷,以提供冷却效果。生物质冷热电联产技术在可持续能源领域具有巨大潜力,因为它利用了可再生资源,减少了对化石燃料的依赖,并有助于减少温室气体排放。④废热回收冷热电联产(Waste Heat Recovery CCHP)是一种基于工业过程中产生的废热回收的技术分类。废热回收装置用于捕获废热,并将其转化为有用的热能和冷能。这些能源可以用于供暖、制冷、电力生产或其他工业用途。废热回收冷热电联产技术有助于提高工业过程的能源效率,并减少能源浪费。

在冷热电联产技术的设计和运营中,有多个重要参数需要综合考虑,以确保系统的高效性、可靠性和经济性。这些参数不仅影响系统的性能,还对其长期运营和环境影响产生重大影响。首先,燃料类型和供应是至关重要的考虑因素。选择合适的燃料,如天然气、生物质、废物或煤炭,需要根据可用性、成本和环境友好性进行评估。确保充足的燃料供应,以满足系统的持续运行需求至关重要。其次,系统的效率是一个关键参数。优化发电机、锅炉、制冷机等组件的效率对于减少能源浪费和能源转化最大化至关重要。高效率的组件能够提供更多的电力、热能和冷能,同时降低燃料消耗,减少排放。负载匹配也是一个关键因素。根据实际能源需求来匹配系统的负载,以确保能源的合理分配,避免能源浪费。这意味着要根据季节性变化和不同用途来调整电力、热能和冷能的产生和使用。温度控制是另一个需要特别关注的参数。细致地控制热能和冷能的温度,以满足不同用途的需求,如热水供应、暖通空调和工业过程。确保温度的准确控制可以提高系统的效能和性能。再次,排放控制也是一个不可忽视的因素。采取适当的措施来减少废气排放和废物管理,以确保系统在环境方面的可持续性。这可能包括废气处理设备和废物回收方法的使用。最后,系统的维护与运行成本也是重要的考量因素,以评估冷热电联产系统的可行性及长期运行能力。

冷热电联产技术在可持续能源领域取得了显著的进展,但仍面临一些瓶颈和挑战。首先,冷热电联产技术的瓶颈之一是高成本。建立和维护这些系统需要昂贵的设备和基础设施投资。燃气冷热电联产和蒸汽冷热电联产系统的高起始成本,包括发电机、锅炉、制冷机和管道等设备,可能使一些潜在用户望而却步。生物质冷热电联产系统虽然使用可再生燃料,但生物质的供应链和处理也可能带来额外的成本。其次,系统复杂性是另一个挑战。冷热电联产技术涉及多个能源系统的集成,包括电力、热能和冷能。这需要复杂的工程设计和管理,以确保各个组件之间的协调和优化。此外,需要高度专业化的知识和技能,使操作和维护这些系统变得复杂,可能需要培训和技术支持。再次,适用性和规模也是问题。冷热电联产技术在某些应用领域可能不太适用,特别是对于小规模或分散式能源需求的情况。这些系统通常更适用于大型工业和商业设施,而在住宅和小型企业中的应用有限。技术的规模化和标准化仍然需要更多的研究和发展,以降低成本并扩大适用范围。最后的挑战来自能源存储。冷热电联产系统产生的电能、热能和冷能通常需要在不同的时间和地点使用。因此,有效的能源存储和分配变得至关重要。虽然已经有了一些存储技术,如电池和热储能系统,但它们仍需要继续改进和降低成本,以满足冷热电联产系统的需求。

然而,尽管存在这些瓶颈,冷热电联产技术依然有广阔的未来发展前景。首先,随着对可持续能源和减排的需求不断增加,这些系统将继续受到政府和企业的支持和投资。政策激励措施、能源效率标准和碳排放限制将促使更多的领域采用冷热电联产技术,从而推动市场增长。其次,新技术的不断涌现也将推动冷热电联产技术的发展。例如,先进的燃气轮机和内燃机设计可以提高系统效率,新型的冷却和制冷技术可以降低冷能生产的成本,以及更高效的能源存储解决方案将增加系统的灵活性。再次,智能化和数字化技术的应用将提高系统的性能和可操作性。实时数据监测、预测性维护和远程控制将帮助优化系统运行,减少停机时间,提高可靠性。最后,新兴的能源系统集成方法将促进冷热电联产技术的发展。微电网、能源互联网和多能源系统的出现将使冷热电联产系统更容易与其他可再生能源和储能技术集成,提高系统的可持续性和适用性。

综上所述,尽管冷热电联产技术面临一些瓶颈和挑战,但随着技术进步和市场需求的增加,它仍然具有巨大的潜力。通过降低成本、提高效率、增加能源存储和采用智能化技术,冷热电联产技术将继续为可持续能源领域作出贡献,并在未来的能源景观中发挥重要作用。

6.3　建筑能源柔性调控技术

建筑能源柔性调控技术旨在通过优化建筑内部能源系统的设计、控制和管理,以实现能源的高效利用和可调控性。这一技术的核心思想是将建筑视为一个能源资源的集成系统,可以根据需求和条件来灵活调整能源的产生、储存、分配和使用。这样的能源柔性调控有助于提高建筑的能源效率、减少能源浪费,以及更好地适应可再生能源的波动性和电力市场价格的变化。其中,建筑能源柔性调控技术主要包括,智能建筑管理系统、能源储存技术、可再生能源集成、冷热电三联产技术、围护结构优化及需求侧管理等技术。在前面的章节中对智能建筑管理系统、储能、可再生能源集成及冷热电三联产等技术进行了阐述。

与此同时在建筑中,可以利用环境营造系统的蓄能手段或利用建筑热惰性实现建筑负荷转移或削减[1]。同时,制订空调系统的运行策略也可以达到缓解部分时间段用能压力的目标[2]。随着清洁能源的引入,制订合理的柔性调控策略能够使空调系统及建筑其他用能终端的能耗以及实际碳排放量降低,实现建筑能耗"低碳化"[3]。

对于空调系统柔性用能调控策略,在需求端现有研究主要包括对空调系统的末端运行温度进行适当调节以探究其节能潜力[4];通过利用建筑物热质量进行有序蓄热蓄冷调节以实现短时负荷的削减,如"预热预冷"[5]。其中通过回归神经网络算法,应用"预冷""温度调节"等措施对空调系统进行柔性调节,可实现显著的空调峰值负荷削减与转移[6]。在供给端,现有的柔性调节措施还包含能源转移,利用可再生能源,如太阳能、风能等,进行能源转移,减轻对传统电网的依赖。在整体系统方面,智能控制系统利用先进的算法,根据建筑热负荷和外部环境条件,优化空调系统的运行策略,实现动态调整,涉及与照明、窗帘等其他系统联动,协同调节,提高综合能效。(表 6.1)

基于前述章节用能基本分析,本章将从空调系统末端调控方面详细介绍柔性调节管理方法,主要措施包括温度调节、预冷预热调节及部分时空调节。

表6.1 办公建筑空调系统柔性用能方案逐时设置

时间段	空调设置温度(℃)				
	基准	调高 1 ℃	调高 2 ℃	部分时空关闭	预冷
7:00 之前	—	—	—		—
8:00—9:00	26	27	28		24
9:00—10:00	26	27	28		24
10:00—11:00	26	27	28		24
11:00—12:00	26	27	28		24
12:00—13:00	26	27	28		24
13:00—14:00	26	27	28	—	28
14:00—15:00	26	27	28		28
15:00—16:00	26	27	28		28
16:00—17:00	26	27	28		28
17:00—18:00	26	27	28		28
18:00—19:00	26	27	28		28
18:00 之后	—	—	—		—

6.3.1 温度调节

温度调节提高空调设定温度,通过增加温度容忍度来减少制冷负荷,从而削减峰值负荷和总能耗。此外,针对不同区域实施不同的温度设定,以更精细地满足不同区域的需求,提高整体能效。在之前的章节对于温度调节结果的分析中,提高空调设置温度可以降低峰值负荷和总能耗,峰值削减率和总能耗削减率随着设置温度的升高而增大。

对于温度调节,其有助于削减建筑能耗强度并降低运行费用,通过减少空调系统的运行强度和电力消耗,有利于环境保护,减少温室气体排放。这一手段能延长空调系统的寿命,降低其维护成本。适当调节室内温度也可以使室内环境更为健康,提高人体对热环境的适应能力。综上所述,适当的温度调节对能源、环境、健康和社交方面都具有积极影响。以深圳地区模拟结果为例,每提高 1 ℃ 空调设置温度,办公建筑与商业建筑的峰值电负荷和每日总能耗均分别下降4.7%及4.9%左右。调高设置温度作为基础的调节方案,适用范围广泛,对作用条件没有明显要求。但提高设置温度会显著影响室内热舒适状态,设置温度越高,热舒适状态越差。结果表明,在不严重影响室内人员热舒适的前提下,较基准设置温度(26 ℃)提高 1 ℃和 2 ℃是较为合理的温度调节方案。

然而,该措施也伴随着一些缺点。这可能导致人们感到不适,尤其是在极端高温天气下,可能出现出汗、头晕或疲倦等热不适症状,影响室内人员的工作效率和舒适性。在一些特定的活动场景,需要较低的室内温度以确保人体保持在适宜的状态,因此,升高室内温度可能不适用于所有场景。此外,需要考虑到建筑的设计和维护条件,以及适应新温度环境所需的时间。综上所述,适当的温度调节需要权衡好处和缺点,并根据具体情境和需求做出决策。

6.3.2 预热预冷调节

预冷调节通过提前在高峰用电时段对室内空间进行制冷,以降低峰值负荷和减轻空调系统在高负荷时段的运行压力。该调节策略旨在利用低负荷时段的相对低能耗,提前降低室内温度,以应对高峰用电时段的瞬时能耗需求。预热和预冷是建筑能源管理中的重要策略,旨在提高能源效率和降低运营成本。这两种方法在不同的季节和天气条件下可以带来一系列的优势,但同时也伴随着一些潜在的缺点和需要注意的问题。

首先,预热和预冷可以有效地提高室内舒适性。在冬季,通过提前升高室内温度,建筑物可以更快地达到舒适温度,减少了寒冷时期的不适感。相反,在夏季,通过降低室内温度,可以在高温天气中提供更加凉爽的环境,提高了居住和工作的舒适度。其次,预热和预冷有助于节约能源。在冬季,通过提前升高室内温度,可以减少供暖系统的负荷,因此减少了能源消耗。在夏季,预冷可以降低空调系统的负荷,减少了电力消耗。这两种策略可以显著降低电费支出,提高能源效率。其次,预热和预冷还有助于降低设备的运行成本。通过提前为建筑内的暖通设备和供暖系统预备好,可以减少设备的启动和停止频率,延长设备寿命,减少维护和维修成本。最后,预热和预冷可以减少对非可再生能源的依赖,降低对电力和燃气等传统能源的需求,有助于减少环境污染和温室气体排放,提高建筑的可持续性。

然而,预热和预冷也存在一些潜在的缺点。首先,这两种策略可能会增加电力和燃气的使用量。在预热期间,建筑需要额外的能源来提前升高室内温度,而在预冷期间则需要额外的电力来降低室内温度。这可能会导致能源成本的上升,尤其是在高能源价格的地区。其次,预热和预冷需要精确的计划和控制。如果不合理地安排预热和预冷时段,可能会导致能源浪费,使节能效果大打折扣。再次,需要先进的监测和控制系统,以确保在适当的时间内启动和停止预热和预冷过程。最后,预热和预冷可能会对室内空气质量产生一定的影响。在启动预冷过程时,可能会引入外部空气,导致室内空气质量下降。此外,长时间的预热和预冷可能会导致室内湿度问题,影响人体健康和舒适性。

综上所述,该方法通过提前制冷,在高峰时段减少了空调系统的运行需求,有效降低了峰值负荷;有助于平滑能耗曲线,使整个能源系统更稳定,减少能源波动;在低负荷时段运行,空调系统更容易达到高效工作状态,提高能源利用效率;在高峰时段,通过释放冷量降低室内温度,相较于温度调节具有更好的热舒适环境。在实施预热和预冷策略时,需要进行综合考虑与规划。首先,建筑的设计和维护条件至关重要。良好的绝缘性能、通风系统和遮阳设施对于预热和预冷的有效实施至关重要。其次,建筑的使用模式和用户需求也应纳入考虑。不同的建筑类型和用途可能需要不同的预热和预冷策略。最后,定期的监测和调整是确保预热和预冷效果的关键。只有通过实时监测和反馈,才能不断优化这些策略,实现最佳的能源效率和舒适性。结合之前章节的柔性调节结果分析,预冷方案能够明显提前峰值负荷时间,显著增加 14:00 之前出现峰值的频率,将峰值出现时间主要区间从 15:00—16:00 提前到 14:00 之前,并且对人员热舒适的影响较小。但由于预冷方案在一定时间内需要空调系统高功率运行,峰值负荷会大幅度增长,总体负荷增长却相对较小。

6.3.3 部分时空调节

部分时空调节通过在不同时间和空间范围内对空调系统进行调整,以优化能源利用效率、提高用户热舒适度和降低峰值负荷。在某些时段或情况下,根据人员活动情况,关闭或减少对非关键区域的空调供应,以节省能源。这种策略可以根据不同时间段的建筑使用情况来灵活调整。前述章节中的具体调控策略为西侧部分关闭方案,在 7:00—18:00 的运行时间内将西侧两个空调分区中关闭其中一个分区,减少空调系统的作用面积。根据柔性调节结果分析,深圳地区西侧部分关闭方案下峰值出现时间平均提前 36 分钟,其中部分日期出现高达 4~6 小时的峰值提前。出现上述现象的原因为:①建筑西侧房间受到太阳辐射影响较大,在总负荷中占比也较大。当西侧部分房间关闭之后,东侧房间成为对总负荷影响最大的部分。②建筑东侧房间主要在上午受到太阳辐射直射,其负荷峰值出现时间更早,西侧房间部分关闭后东侧房间成为主导,造成总体峰值负荷时间提前。此外,部分时空关闭方案是具有最好室内热舒适环境的调控措施,且具有最大峰值削减率和较大每日总能耗削减率。与建筑表面朝向结合的部分关闭方法能够较明显提前峰值负荷时间,可以与建筑形体与气候特征结合实现更灵活的能源利用。

部分时空调节措施的应用前景具有广泛的潜力，可用于提高建筑能源效率、降低运营成本、减少对环境的影响，以及提高部分空间的室内舒适性。根据实际建筑需求和使用情况来调整空调系统的运行。这种措施适用于各种类型的建筑，包括商业建筑、办公大楼、工业厂房和住宅等。通过监测建筑内部的温度、湿度、人员流量和活动模式等参数，实现智能调控，只在有需求的时间和地点供给所需质量的空气，从而降低能源消耗，这对减轻能源负担、提高能源效率和降低碳足迹都具有积极影响，尤其是在高能源价格和能源供应短缺的地区。在该措施应用的过程中，需要提供从建筑设计到监测设施的支持，包括智能控制系统、传感器和监测设备等，同时需要准确识别室内用户的实际需求以及舒适性。局部时空调节可能会引起部分用户的不满，因此需要采取部分补充措施进行人员热需求的供给。最后，政策和法规的支持也是应用该措施的重要条件之一。政府和相关机构可以通过制定激励政策、能源效率标准和认证体系来推动这一措施的进行，进而促进可持续建筑和绿色建筑的发展。

参考文献

[1] 刘晓华，张涛，刘效辰，等."光储直柔"建筑新型能源系统发展现状与研究展望[J].暖通空调，2022，52(8)：1-9，82.

[2] JENSEN SO, Marszal-Pomianowska A, Lollini R, et al.. IEA EBC Annex 67 Energy Flexible Buildings[J]. Energy and Buildings, 2017, 155: 25-34.

[3] 杨燕子.关中农村家庭用能模式分类及柔性负荷优化调度研究[D].西安建筑科技大学,2023.

[4] 陈颖.以舒适性为目标的空调系统变冷冻水温优化运行节能潜力研究[D].东南大学,2020.

[5] 张鑫洋，孟庆龙，李辉，等.集中空调系统需求响应潜力分析[J].电力需求侧管理，2023，25(6)：57-62.

[6] 樊晟志.面向需求响应的空调系统削减用电高峰的优化控制策略[D].西安建筑科技大学,2023.

第 7 章
结　语

7.1　国家政策支持

随着我国"碳达峰、碳中和"目标及其行动的深入推进,建筑行业的节能降碳已经进入了技术路径突破与革新的关键时期。住房和城乡建设部印发《"十四五"建筑节能与绿色建筑发展规划》,提出"到 2025 年,完成既有建筑节能改造面积 3.5 亿平方米以上,建设超低能耗、近零能耗建筑 0.5 亿平方米以上"。

住房和城乡建设部、国家发展改革委印发《城乡建设领域碳达峰实施方案》指出,要全面提高绿色低碳建筑水平,包括持续开展绿色建筑创建行动。在推进区域建筑能源协同方面,要以城市新区、功能园区、校园园区等各类园区及公共建筑群为对象,推广区域建筑虚拟电厂建设试点,提高建筑用电效率,降低用电成本。此外,国务院印发的《2030 年前碳达峰行动方案》中明确提出,要选择 100 个具有典型代表性的城市和园区开展碳达峰试点建设,在政策、资金、技术等方面对试点城市和园区给予支持,加快实现绿色低碳转型,为全国提供可操作、可复制、可推广的经验做法。

7.2　现有能源管理及柔性运行技术支撑

现有的区域用能管理技术为园区建筑的节能降碳提供了强大的支持,通过智能化监测、综合能源管理和可再生能源集成等方面的创新,实现了更高效的能源利用、降低碳排放和可持续发展目标。根据前文中研究所述,现已经具有一定的成熟技术能够支撑不同产业园区建筑(群)的节能降碳。

智能化监测技术:现代区域用能管理技术通过传感器、物联网和数据分析,实时监测园区建筑的能源消耗情况。这种实时数据的获取使管理者能够更准确地了解能源使用模式,及时发现和解决能源浪费问题,并优化建筑的运行效率。

能源效率提升技术:区域用能管理技术允许建筑管理者对能源系统进行集中管理和控制,以最大程度地减少浪费。例如,智能照明和空调系统可以根据人员出入、天气条件和能源价格进行自动调整,以确保最佳的能源效率。此外,建筑自动化和建筑外部园区设计也可以降低建筑的能源需求。

综合能源管理技术:综合能源管理是一种通过优化不同能源形式的整合和利用来提高能源效率的方法。这包括电力、热能、冷能等多种能源形式的协同管理。通过将不同的能源系统整合到一个综合能源管理系统中,园区建筑可以更高效地满足不同用能需求,减少不必要的损耗,提高能源的综合利用率。

可再生能源集成技术:将可再生能源如太阳能、风能等纳入园区建筑能源供应系统是降低碳排放的重要手段。区域用能管理技术可以帮助园区实现可再生能源的有效集成和管理,确保可再生能源的最大化利用。此外,采用能源存储技术可以在可再生能源供应不稳定的情况下提供持续的能源供应。

数据挖掘技术:通过大数据分析和人工智能技术,区域用能管理技术可以预测建筑未来的能源需求,并提供最佳的能源消耗建议。这有助于建筑管理者制订更具前瞻性和可持续性的能源管理策略,从而实现更大程度的节能降碳。

总之,现有的区域用能管理技术为园区建筑的节能降碳提供了强大的支持。通过智能化监测、能源效率提升、综合能源管理、可再生能源集成,以及数据分析和预测等手段,园区建筑可以更高效地管理和利用能源,降低碳排放,为可持续发展目标的实现作出贡献。这些技术的不断创新和应用将进一步推动园区建筑领域的节能降碳工作。

7.3　未来园区能源管理及节能降碳技术路径探讨

未来园区管理和节能降碳技术的迭代与更新将成为关键焦点。为实现更高效、更环保的园区运营,将引入更多智能化、可再生能源、数据驱动策略以及协同管理等最新的策略。

首先,未来园区能源管理将倚重智能化系统和自动化技术。通过物联网、人工智能和大数据分析,园区可以实现实时监测、控制和优化能源使用。智能建筑管理系统将能够根据天气、室内环境和用户需求自动调整照明、暖通空调和设备运行,以提高效率并减少浪费。自动化机器人和机器学习算法也将在园区维护和安全管理中发挥作用,提高效率和可靠性。

随着人工智能及大数据等技术的应用,其所采集得到的数据将在未来园区能源管理中发挥关键作用。通过传感器和监测系统收集的数据将被用于实时监测、预测和决策。数据分析和人工智能将帮助管理者更好地了解能源消耗、建筑性能和设备运行情况,从而制订更有效的管理策略。实时反馈和预测分析将有助于优化能源使用、减少能源浪费和降低运营成本。

同时,未来园区将积极追求可再生能源的集成。太阳能光伏和风力发电将成为园区的主要能源供应来源,减少对化石燃料的依赖。电池储能系统和其他能源存储技术将用于平衡可再生能源的波动性,确保能源供应的可靠性。此外,园区还可以考虑其他可再生能源形式,如地热能和生物能源,以提供多样化的能源选择。

最后,绿色建筑的设计、设备能耗的提升及相应碳市场和碳交易制度的完善将使未来园区的建筑采用更加绿色、环保的设计和建筑材料。对于绿色建筑设计,高效隔热、节能照明、可再生能源利用和雨水收集系统将成为标准。建筑外部和内部的设计将优化自然采光和通风,减少对人工照明和空调的依赖。此外,能源效率改进措施,如使用隔热材料和高效设备,这些将在园区建筑中得到广泛应用,以减少能源消耗。同时未来园区可能会积极参与碳市场和碳交易,以实现碳减排目标。碳市场可以为园区提供降低碳排放成本的机会,通过碳交易获得资金,用于投资可再生能源和能源效率改进项目。同时,碳市场也可以推动企业和园区采取更多的碳减排措施,促进碳减排技术的创新和应用。

然而,要实现未来园区能源管理及节能降碳的愿景,仍然面临一些挑战。技术的高成本、能源存储和转换效率的限制、数据隐私和安全问题、法规和政策的制定和执行等方面的问题仍有待解决之处。此外,教育和培训也将起到关键作用,以确保园区管理者和员工能够充分理解和应用新技术及策略。

总之,未来园区能源管理及柔性调控技术是一个充满希望的领域,能够实现可持续能源管理和碳减排目标。通过智能化系统、可再生能源集成、数据驱动的决策、绿色建筑设计和碳市场制度准入等策略,园区可以在未来的可持续性发展中发挥关键作用。然而,实现这一愿景仍然需要各界的共同努力,克服技术和管理上的挑战,推动未来园区能源管理技术的不断创新和进步。

附录　城市电价

选取的不同气候区城市代表,如下表所示。

不同气候区城市代表

气候区	城　市
严　寒	哈尔滨
	呼和浩特
	乌鲁木齐
寒　冷	北　京
	天　津
	西　安
夏热冬冷	上　海
	重　庆
	南　京
夏热冬暖	广　州
	深　圳
温　和	昆　明

1. 哈尔滨

代理购电工商业用户电价表

（执行时间:2023 年 6 月 1 日—2023 年 6 月 30 日）

用电分类		电压等级	电量用电价格[元/(kW·h)]	其中:上网电价	上网环节线损费用	电量输配电价	系统运行费用	政府性基金及附加	分时电量电价[元/(kW·h)] 尖峰时段	高峰时段	平时段	低谷时段	容(需)量电价 需量电价[元/(kW·月)]	容量电价[元/(kVA·月)]
工商业用电	单一制	不满 1 kV	0.769727	0.420745	0.026553	0.2828	0.014804	0.024825	—	1.134776	0.769727	0.404678	—	—
		1~10(20) kV	0.759527			0.2726			—	1.119476	0.759527	0.399578	—	—
		35 kV	0.748427			0.2615			—	1.102826	0.748427	0.394028	—	—
		110(66) kV	0.727927			0.2410			—	1.072076	0.727927	0.383778	—	—
		220 kV 及以上	0.727927			0.2410			—	1.072076	0.727927	0.383778	—	—
	两部制	1~10(20) kV	0.622727			0.1358			—	0.914276	0.622727	0.331178	36.8	23
		35 kV	0.601327			0.1144			—	0.882176	0.601327	0.320478	36.8	23
		110(66) kV	0.588527			0.1016			—	0.862976	0.588527	0.314078	35.2	22
		220 kV 及以上	0.562227			0.0753			—	0.823526	0.562227	0.300928	35.2	22

注:1. 所列政府性基金及附加,其中,重大水利工程建设基金 0.1125 分钱,大中型水库移民后期扶持资金 0.44 分钱,地方小型水库移民扶助基金 0.03 分钱,可再生能源电价附加 1.9 分钱。

2. 上网电价、上网环节线损费用、电量输配电价执行峰谷分时电价政策。系统运行费用、政府性基金及附加按分时电价计算。高峰上浮 50%,低谷下浮 50%。时段划分:高峰时段 6:00—7:00、9:00—11:30、15:30—20:00;低谷时段 22:30—5:30;其余为平时段。其中,7 月至 9 月、11 月至次年 1 月高峰时段中 16:30—18:30 为尖峰时段。

3. 对于已直接参与市场交易且在无正当理由情况下改由电网企业代理购电的用户,拥有自备电厂、由电网企业代理购电的用户,暂不能直接参与市场交易,由电网企业代理购电,其上网电价按上表中上网电价的 1.5 倍执行,其他执行规则及规定同常规用户。

6 月代理购电价格表

名称	序号	明细	计算关系	数值
电量 [万(kW·h)]	1	工商业代理购电量	1=2+3	179200
	2	优先发电上网电量	2	0
	3	市场交易采购上网电	3	179200
电价 [元／(kW·h)]	4	上网电价	4	0.420745
	5	当月上网电价	4=5	0.420745
	6	上网环节线损费用	6=购线损电量上网电价× 线损率/(1-线损率)	0.026553
	7	系统运行费用	7	0.014804

2. 呼和浩特

国电内蒙古东部电力有限公司代理购电工商业用户电价表

（执行时间：2023年6月1日—2023年6月30日）

用电分类		电压等级	电量用电价格[元/(kW·h)]	其中					分时电量电价[元/(kW·h)]				容(需)量电价	
				上网电价	上网环节线损费用	电量输配电价	系统运行费用	政府性基金及附加	尖峰时段	高峰时段	平时段	低谷时段	需量电价[元/(kW·月)]	容量电价[元/(kVA·月)]
工商业用电	一般工商业	不满1 kV	0.711348	0.273201	0.021146	0.3732	0.021376	0.022425	1.228469	1.034549	0.711348	0.388148	—	—
		1～10(20) kV	0.674248			0.3361			1.161689	0.978899	0.674248	0.369598	—	—
		35 kV	0.588548			0.2504			1.007429	0.850349	0.588548	0.326748	—	—
	大工业用电	1～10(20) kV	0.486448			0.1483			0.823649	0.697199	0.486448	0.275698	32.8	20.5
		35 kV	0.479448			0.1413			0.811049	0.686699	0.479448	0.272198	32.8	20.5
		110(66) kV	0.440048			0.1019			0.740129	0.627599	0.440048	0.252498	31.2	19.5
		220 kV 及以上	0.417048			0.0789			0.698729	0.593099	0.417048	0.240998	31.2	19.5

注：1. 电网企业代理购电用户用电价格由代理购电价格（含平均上网电价，历史偏差电费折价），上网环节线损折价，电度输配电价，系统运行费用，政府性基金及附加组成。其中，政府性基金及附加包含重大水利工程建设基金0.1125分钱，大中型水库移民后期扶持资金0.23分钱，可再生能源电价附加1.9分钱。

2. 本月代理购电价格包含：市场化交易电价0.280821元/(kW·h)，上网环节线损代理购电采购损益度电水平0.001989元/(kW·h)，历史偏差电费损益度电水平-0.007620元/(kW·h)，电价交叉补贴新增损益折合度电水平0.007507元/(kW·h)，绿色发展电价支持政策损益度电水平0.009568元/(kW·h)，抽水蓄能容量电费度电水平0.002109元/(kW·h)，力调电费损益度电水平0.000203元/(kW·h)。

3. 分时电度用电价格在电度购电价格基础上根据《内蒙古自治区发改委关于蒙东电网试行分时电价政策有关事项的通知》（内发改价费字〔2021〕1129号）文件规定形成。分时电价时段：尖峰时段为每年6—8月18:00—20:00；高峰时段为7:30~11:30，17:00~21:00；平时段为11:30~17:00，21:00~22:00，5:00~7:30；低谷时段为22:00至次日5:00。分时电价浮动比例：尖峰电价为平段电价上浮50%，高峰电价为平段电价上浮20%。

4. 对于已直接参与市场交易（不含已在电力交易平台注册但未曾参与电力市场交易）在无正当理由情况下改由电网企业代理购电的用户，代理购电价格按上表中的1.5执行；其他标准及规则同常规用户。

5. 本月市场化用户（除代理购电用户外）分摊系统运行费用折价0.021376元/(kW·h)（测算过程见上）。

6 月代理购电价格表

名称	序号	明细	计算关系	数值
电量 ［万(kW·h)］	1	工商业代理购电量	1＝2＋3	54517
	2	优先发电上网电量	2	——
	3	市场交易采购上网电	3	54517
电价 ［元／(kW·h)］	4	工商业代理购电价格	4＝5＋6	0.273201
	5	当月平均上网电价	5	0.280821
	6	历史偏差电费折价	6	−0.007620
	7	上网环节线损费用	7＝5×线损率／ (1−线损率)	0.021146
	8	系统运行费用折合度电水平	8＝9＋10＋…	0.021376
	9	其中:辅助服务费用度电水平	9	0.000000
	10	抽水蓄能容量电费度电水平	10	0.009568
	11	上网环节线损代理采购损益度 电水平	11	0.001989
	12	电价交叉补贴新增损益折合度 电水平	12	0.007507
	13	力调电费损益度电水平	13	0.000203
	14	区域电网准许收入损益	14	0.000000
	15	绿色发展电价支持政策损益 折价	15	0.002109

3. 乌鲁木齐

国网新疆电力有限公司代理购电工商业用户电价表
（执行时间：2023年6月1日—2023年6月30日）

用电分类		电压等级	电量用电价格 [元/(kW·h)]	其中：						分时电量电价[元/(kW·h)]				容（需）量电价	
				代理购电价格	折合度电水平	上网环节线损费用	电量输配电价	系统运行费用	政府性基金及附加	尖峰时段	高峰时段	平时段	低谷时段	需量电价 [元/(kW·月)]	容量电价 [元/(kVA·月)]
公式		—	1=2+4+5+6+7	2	3	4	5	6	7	8=(2-3)·(1+65%)·(1+20%)+3+4+5+6+7	9=(2-3)·(1+65%)+3+4+5+6+7	10=1	11=(2-3)·(1+65%)+3+4+5+6+7	12	13
一般工商业		不满1kV	0.451173	0.263123	-0.000192	0.016949	0.1636	0.003404	0.0041	—	0.622328	0.451173	0.280018	12	13
		1～10(20)kV	0.448173				0.1606			—	0.619328	0.448173	0.277018	—	—
		35kV	0.444173				0.1566			—	0.615328	0.444173	0.273018	—	—
工商业用电	大工业用电	1～10(20)kV	0.407973				0.1204			—	0.579128	0.407973	0.236818	32	20
		35kV	0.397573				0.1100			—	0.568728	0.397573	0.226418	32	20
		110(66)kV	0.369073				0.0815			—	0.540228	0.369073	0.197918	30.4	19
		220kV及以上	0.336173				0.0486			—	0.507328	0.336173	0.165018	30.4	19

注：1. 电网企业代理购电用户电价由代理购电上网电价（含平均上网电、偏差电费折合度电水平等）、上网环节线损费用（含上网环节线损费用（含对居民和农业用户等）、代理购电上网环节线损费用、偏差电费折合度电水平等）、系统运行费用（包括辅助服务费、抽水蓄能容量电费）、电量输配电价、政府性基金及附加等组成。其中，代理购电上网电价和综合线损率计算、输配电价按照《自治区发展改革委关于落实第三监管周期新疆电网输配电价有关事宜的通知》（2023〕243号）执行；系统运行费用包括辅助服务费用；政府性基金及附加为大中型水库后期扶持基金0.0021元/(kW·h)，可再生能源电价附加0.002元/(kW·h)。

2. 分时电价政策根据《自治区贯彻落实进一步深化燃煤发电上网电价市场化改革方案》（新发改价〔2022〕6号）文件规定成。分时电价划分：高峰时段8小时（8:00—11:00,19:00—24:00）；平段8小时（11:00—14:00,16:00—19:00,0:00—2:00）；低谷时段8小时（2:00—8:00,14:00—16:00）。其中，夏季7月份的21:00—23:00，冬季1月、11月，2023年1月份的19:00—21:00由高峰时段调整为尖峰时段，执行尖峰电价。尖峰时段电价在高峰时段电价基础上上浮20%。低谷电价在代理购电电价基础上下浮65%。尖峰时段电价在高峰时段电价基础上上浮、低谷时段电价在代理购电电价基础上下浮，系统运行费用、输配电价、上网环节线损费用及政府性基金及附加不参与分时电价的浮动。

6月代理购电价格表

名称	序号	明细	计算关系	数值
电量 [万(kW·h)]	1	工商业代理购电量	1＝2＋3	175202.70
	2	优先发电上网电量	2	—
	3	市场交易采购上网电	3	175202.70
电价 [元/(kW·h)]	4	工商业代理购电价格	4＝5＋6	0.263123
	5	当月平均上网电价	5	0.263315
	6	代理购电偏差电费折合度电水平	6	−0.000192
	7	上网环节线损费用	7	0.016946
	8	上网环节线损折合度电水平	8	—
	9	系统运行费用	9＝10＋11＋12＋13	0.003404
	10	辅助服务费用	10	—
	11	抽水蓄能容量电费度电水平	11	—
	12	保障居民农业用电价格稳定的新增损益折合度电水平	12	0.003404
	13	绿色发展电价支持政策损益折价	13	—

4. 北京

国网北京市电力公司代理购电工商业用户电价表（城区）

（执行时间：2023年6月1日—2023年6月30日）

用电分类	电压等级	电量用电价格[元/(kW·h)]	代理购电价格	上网环节线损费用折价	电量输配电价	系统运行费用折价	政府性基金及附加	分时电量电价[元/(kW·h)]				容（需）量电价	
								尖峰时段	高峰时段	平时段	低谷时段	需量电价[元/(kW·月)]	容量电价[元/(kVA·月)]
公式	—	1=2+3+4+5+6	2	3	4	5	6	7	8	9	10	11	12
工商业用电 单一制	不满1kV	0.889792	0.419625	0.018979	0.410000	0.014020	0.027168	—	1.187726	0.889792	0.621232	—	—
	1~10(20)kV	0.869792			0.390000			—	1.171922	0.869792	0.601232	—	—
	35kV	0.799792			0.320000			—	1.106118	0.799792	0.522840	—	—
	110(66)kV	0.799792			0.320000			—	1.114511	0.799792	0.518643	—	—
	220kV及以上	0.754792			0.275000			—	1.073707	0.754792	0.465251	—	—
工商业用电 两部制	1~10(20)kV	0.686292			0.206500			—	0.900301	0.686292	0.480676	51	32
	35kV	0.645792			0.166000			—	0.859801	0.645792	0.435980	48	30
	110(66)kV	0.645792			0.166000			—	0.863997	0.645792	0.431783	48	30
	220kV及以上	0.630792			0.151000			—	0.857390	0.630792	0.412587	45	28

注：表中城区指东城区、西城区、朝阳区、海淀区、丰台区、石景山区。

国网北京市电力公司代理购电工商业用户电价表（郊区）

（执行时间:2023 年 6 月 1 日—2023 年 6 月 30 日）

用电分类		电压等级	电量电价格 [元/(kW·h)]	其中:					分时电量电价 [元/(kW·h)]				容（需）量电价	
				代理购电价格	上网环节线损费用折价	电量输配电价	系统运行费用折价	政府性基金及附加	尖峰时段	高峰时段	平时段	低谷时段	需量电价 [元/(kW·月)]	容量电价 [元/(kVA·月)]
公式		—	1=2+3+4+5+6	2	3	4	5	6	7	8	9	10	11	12
工商业用电	单一制	不满 1 kV	0.889792			0.410000			—	1.208707	0.889792	0.60447	—	12
		1~10(20)kV	0.869792			0.390000			—	1.188707	0.869792	0.580251	—	—
		35 kV	0.799792			0.320000			—	1.127100	0.799792	0.506055	—	—
		110(66)kV	0.799792	0.419625	0.018979	0.320000	0.014020	0.027168	—	1.135492	0.799792	0.497662	—	—
		220 kV 及以上	0.754792			0.275000			—	1.098885	0.754792	0.448466	—	—
	两部制	1~10(20)kV	0.686292			0.206500			—	0.904497	0.686292	0.476480	51	32
		35 kV	0.645792			0.166000			—	0.863997	0.645792	0.431783	48	30
		110(66)kV	0.645792			0.166000			—	0.868193	0.645792	0.427587	48	30
		220 kV 及以上	0.630792			0.151000			—	0.861586	0.630792	0.408391	45	28

注：表中郊区指门头沟区、房山区、通州区、顺义区、大兴区、昌平区、平谷区、怀柔区、密云区、延庆区。

国网北京市电力公司代理购电工商业用户电价表（亦庄经济技术开发区）

（执行时间：2023年6月1日—2023年6月30日）

用电分类	电压等级	电量用电价格[元/(kW·h)]	代理购电价格	上网环节线损费用折价	电量输配电价	系统运行费用折价	政府性基金及附加	分时电量电价[元/(kW·h)]				容（需）量电价	
								尖峰时段	高峰时段	平时段	低谷时段	需量电价[元/(kW·月)]	容量电价[元/(kVA·月)]
公式	—	1=2+3+4+5+6	2	3	4	5	6	7	8	9	10	11	12
工商业用电 单一制	不满1 kV	0.889792	0.419625	0.018979	0.410000	0.014020	0.027168	—	1.208707	0.889792	0.60447	—	—
	1～10 kV	0.869792			0.390000			—	1.188707	0.869792	0.580251	—	—
	35 kV	0.799792			0.320000			—	1.127100	0.799792	0.506055	—	—
	110 kV	0.799792			0.320000			—	1.135492	0.799792	0.497662	—	—
	220 kV 及以上	0.754792			0.275000			—	1.098885	0.754792	0.448466	—	—
工商业用电 两部制	1～10 kV	0.686292			0.206500			—	0.900301	0.686292	0.480676	51	32
	110 kV	0.645792			0.166000			—	0.872390	0.645792	0.427587	48	30

注：1. 电网企业代理购电用户电价由代理购电价格、上网环节线损折价、输配电价、系统运行费用折价、政府性基金及附加组成。输配电价由上表所列的电度输配电价、容（需）量电价构成，按照《国家发展改革委关于第三监管周期省级电网输配电价及有关事项的通知》（发改价格〔2023〕526号）文件执行；政府性基金及附加包含重大水利工程建设基金0.196875分钱、大中型水库移民后期扶持资金0.62分钱，可再生能源电价附加1.9分线。

2. 分时电价在代理购电价格基础上根据《北京市发展和改革委员会关于调整本市销售电价有关事项的通知》（京发改〔2020〕1708号）文件峰谷比价关系和时段划分规定形成。具体时段划分为：夏季尖峰时段（7～8月）11:00—13:00,16:00—17:00；高峰时段10:00—15:00,18:00—21:00；平时段7:00—10:00,15:00—18:00,21:00—23:00；低谷时段23:00至次日7:00。

3. 对于已直接参与市场交易（不含在电力交易平台注册但未参与电力市场交易）在无正当理由情况下改由电网企业代理购电的用户，代理购电价格按上表中的1.5倍执行，其他标准及规则同常规。

4. 根据《关于电动汽车专用电价有关问题的通知》（发改价格〔2014〕1668号）文件要求，向电网经营企业直接接装电的经营性集中式充换电设施集中式供电，执行两部制电度电价；电压等级不满1 kV的，参照1～10 kV价格执行。

6月代理购电价格表

名称	序号	明细	计算关系	数值
电量 ［万(kW·h)］	1	工商业代理购电量	1＝2＋3	437000.00
	2	优先发电上网电量	2	0.00
	3	市场交易采购上网电	3	437000.00
电价 ［元／(kW·h)］	4	工商业代理购电价格	4＝5＋6	0.419625
	5	当月平均上网电价	5	0.418535
	6	历史偏差电费折价	6	0.001090
	7	上网环节线损折价	7	0.018979
	8	系统运行费用折价	8＝9＋10＋11＋12＋13＋14	0.014020
	9	居民农业交叉补贴新增损益折价	9	−0.000603
	10	辅助服务费用	10	0.00
	11	抽水蓄能容量电费折价	11	0.008574
	12	上网环节线损折价	12	0.00
	13	功率因素调整电费损益折价	13	0.006049
	14	其他折价	14	0.00

注:直接参与市场交易的用户,按照与电网企业代理购电用户相同的标准执行上网环节线损折价和系统运行费用折价(除辅助服务费用外)。

5. 天津

代理购电工商业用户电价表
(执行时间:2023年6月1日—2023年6月30日)

用电分类		电压等级	电量用户价格[元/(kW·h)]	其中:					分时电量电价[元/(kW·h)]			容(需)量电价	
				代理购电价格	上网环节线损费用	电量输配电价	系统运行费用	政府性基金及附加	高峰时段	平时段	低谷时段	需量电价[元/(kW·月)]	容量电价[元/(kVA·月)]
工商业用电	单一制	不满1 kV	0.806268	0.4380	0.0165	0.2839	0.0407	0.02718	1.167268	0.806268	0.416468	—	—
		1~10 kV	0.773368			0.2510			1.117868	0.773368	0.401368	—	—
		35~110 kV	0.708968			0.1866			1.021268	0.708968	0.371668	—	—
		110~220 kV	0.675968			0.1536			0.971768	0.675968	0.356568	—	—
		220 kV及以上	0.653968			0.1316			0.938768	0.653968	0.346368	—	—
	两部制	不满1 kV	0.738168			0.2158			1.065068	0.738168	0.385168	41.6	26.0
		1~10(20)kV	0.691068			0.1687			0.994468	0.691068	0.363468	41.6	26.0
		35 kV	0.667968			0.1456			0.959768	0.667968	0.352868	38.4	24.0
		110(66)kV	0.653968			0.1316			0.938768	0.653968	0.346368	38.4	24.0
		220 kV及以上	0.632568			0.1102			0.906668	0.632568	0.336568	35.2	22.0

注:1. 电网企业代理购电工商业用户电价由代理购电价格(含当月平均上网电价、历史偏差电费折价)、上网环节线损电价、系统运行费用、输配电价、政府性基金及附加组成。其中代理购电价格、上网环节线损电价、系统运行费用、预测测情况所得(详见《国网天津市电力公司代理购电价格表》)、输配电价上表所列的电度输配电价、容(需)量型用电价格构成,按照《国家发展改革委关于第三监管周期省级电网输配电价及有关事项的通知》(发改价格〔2023〕526号)、《市发展改革委关于贯彻落实第三监管周期输配电价改革政策有关事项的通知》(津发改价格〔2023〕142号)文件执行;政府性基金及附加包含国家重大水利工程建设基金每千瓦时0.196875分,大中型水库移民后期扶持资金每千瓦时0.62分,可再生能源电价附加每千瓦时1.9分。

2. 上表所列电度用电价代理购电价格（含当平均上网电价、历史偏差电费折价）、网环线损电价、电度输电价，系统运行费里折合电水平，政府性基金及附加组成。

3. 分时电度用电度用电在电度用电价格基础上形成。时段划分，浮动比例及执行范围等事项按照《市发展改革委关于分时电价各政策有关事项的通知》（津发改价综〔2021〕395号）。高峰电价执行，显示为尖峰电品，按高峰电价执行。根据《市发展改革委关于平时电价在平时电价的基础文件规定执行。时段划分：高峰时段为9:00—12:00,16:00—21:00；平时段为7:00—9.0,12:00—16:00,21:00—23:00；低谷时段为23:00—7:00。6月份无尖峰时段，对尚未调整表计时段的基础上上浮50%，低谷电价在平时电价的基础上下降54%。6月份无尖峰电品，对尚未调整表计时段的显示为尖峰电品，按高峰电价执行。贯彻落实第三监管周期输配电价改革政策有关事项的通知》（津发改价管〔2023〕142号），《市发展改革委关于平时电价各分时电价政策有关事项的通知》（津发政价综〔202〕395号），市工业和信息化局《关于做好天津市2023年电力市场化交易工作的通知》（津工信电力〔2022〕37号）文件规定，平时段电价中网环节线损电价，系统运行费用折合度电水平，政府性基金及附加，两部制电价的基本电费，功率因数调整电费不参与浮动。

4. 对直接参与交易平台交易的用户《不已在交易平台交易》正当理由下改电风企业代理购电的用户，拥有燃煤发电自备电厂，由电网企业代理购电的高耗能用户，按电网企业代理购电价格的1.5倍执行《国网天津市电力公司执行1.5倍代理购电工商业用户电价表），其他标准及规则市场交易由电网企业代理购电的高耗能用户，按电网企业代理购电价格的1.5倍执行《国网天津市电力公司执行同常规用户按照市发展改革委办公厅关于开展电力工作有关事项的通知》（发改办价格〔2021〕809号）和《国家发展改革委办公厅关于进一步做好网企业代理购电工作的通知》（发改办价格〔2022〕1047号）文件规定，电网企业代理购电形成的增收收入，纳入其为保障居民、农业用电价形成的新增购损益统筹考虑。代理购电上述用户购电形成的增收产生的新增损益统筹考虑。

6月代理购电价格表

名称	序号	明细	计算关系	数值
电量 [万(kW·h)]	1	工商业代理购电量	1=2+3	250306
	2	优先发电上网电量	2	0
	3	市场交易采购上网电	3	250306
电价 [元／(kW·h)]	4	工商业代理购电价格	4=5+6	0.4380
	5	当月评价上网电价	5	0.4333
	6	历史偏差电费折价	6	0.0047
	7	上网环节线损费用	7	0.0165
	8	系统运行费用折合度电水平	8=9+10+11+12	0.0407
	9	辅助服务费用折合度电水平	9	0
	10	抽水蓄能容量电费折合度电水平	10	0.0058
	11	天然气交叉容量电费折合度电水平	11	0.0220
	12	居民农业交叉补贴新增损益折合度 电水平	12	0.0129

6. 西安

代理购电工商业用户电价表

（执行时间:2023年6月1日—2023年6月30日）

用电分类		电压等级	电量用电价格[元/(kW·h)]	其中: 上网电价	上网环节线损费用	系统运行费用	电量输配电价	政府性基金及附加	分时电量电价[元/(kW·h)] 尖峰时段	高峰时段	平时段	低谷时段	容(需)量电价 需量电价[元/(kW·月)]	容量电价[元/(kVA·月)]
工商业用电	单一制	不满1kV	0.666125	0.4070	0.0188	-0.0075	0.2215	0.026325	—	0.980425	0.666125	0.351925	—	—
		1~10(20)kV	0.646125				0.2015		0	0.950425	0.646125	0.341925	—	—
		35kV	0.626125				0.1815		0	0.920425	0.626125	0.331925	—	—
		110kV	0.601125				0.1565		0	0.882925	0.601125	0.319425	—	—
	两部制	1~10(20)kV	0.567725				0.1231		0	0.901725	0.567725	0.233725	35.2	22
		35kV	0.547725				0.1031		0	0.869125	0.547725	0.226325	35.2	22
		110kV	0.527725				0.0831		0	0.836525	0.527725	0.218925	32	20
		220kV及以上	0.517725				0.0731		0	0.820025	0.517725	0.215225	32	20

注:1.上表所列价格包含政府性基金及附加,其中,重大水利工程建设基金0.1125分钱,大中型水库移民后期扶持资金0.62分钱,可再生能源电价附加1.9分钱。

2.上网线损电价按综合线损率4.24%计算并除以用电量计算,电价交叉补贴新增损益。上网环节线损购电价后,不参与峰谷分时电价浮动和功率因数调整。

3.系统运行费用包括抽水蓄能容量电费、辅助服务费用,系统运行费和上网环节线损费用后,大工业(两部制)峰谷浮动比例为63%,一般工商业(单一制)峰谷浮动比例为50%。时段划分:尖峰时段为夏季7、8月19:30~21:30,冬季12月至次年1月18:30~20:30;高峰时段为8:00~11:30,18:30~23:00;低谷时段为23:00~次日7:00;其余时段为平时段。一般工商业(单一制)用户可选择执行分时电价或度用电价格或平时段电价。

4.分时电价在平时段的价格基础上扣除基金附加、系统运行费和上网环节线损电价后,按工商业代理购电价浮动和功率因数调整。一般工商业(单一制)用户可选择执行分时电价或度用电价格每千瓦时加4分。

5.选择执行需量电价计费方式的两部制用户,每月每千伏安用电量达到260千瓦时及以上的,当月需量电价按上表标准的90%执行。

6.对于直接参与市场交易(不含已在注册平台交易平台参与电力市场交易)在无正当理由情况下政由电网企业代理购电的用户,拥有燃煤发电自备电厂,由电网企业代理购电的高耗能用户,代理购电价格按上表中的1.5倍执行,其他标准及规则则同常规用户。

145

6月代理购电价格表

名称	序号	明细	计算关系	数值
电量 [万(kW·h)]	1	工商业代理购电量	1＝2＋3	331334
	2	优先发电上网电量	2	31775
	3	市场交易采购上网电	3	299560
电价 [元／(kW·h)]	4	工商代理购电价格	4＝5＋6	0.4070
	5	当月平均上网电价	5	0.4251
	6	历史偏差电费折价	6	−0.0181
	7	上网环节线损电价	7＝5×综合线损率／ （1−综合线损率）	0.0188
	8	系统运行费用度电折价	8＝9＋10＋11＋12＋13	−0.0075
	9	辅助服务费用度电折价	9	—
	10	抽水蓄能容量电费度电折价	10	—
	11	上网环节线损代理采购损益 度电折价	11	—
	12	电价交叉补贴新增损益度电 折价	12	−0.0075
	13	其他	13	—

注:直接参与市场交易的用户,按照与电网企业代理购电用户相同的标准分摊或分享系统运行费用(辅助服务费用以电力市场交易规则为准)。

7. 上海

代理购电工商业用户电价表

（执行时间:2023年6月1日—2023年6月30日）

用电分类	电压等级	电量用电价格 [元/(kW·h)]	其中: 上网电价	上网环节线损费用	电量输配电价	系统运行费用	政府性基金及附加	分时电量电价 [元/(kW·h)] 尖峰时段	高峰时段	平时段	低谷时段	容(需)量电价 需量电价 [元/(kW·月)]	容量电价 [元/(kVA·月)]
工商业用电 单一制	不满1kV	0.8378	0.4558	0.0194	0.2756	0.0579	0.029115	—	0.9753	0.8378	0.4739	—	—
	1~10kV	0.7927			0.2305			—	0.9225	0.7927	0.4491	—	—
	35kV	0.7481			0.1859			—	0.8703	0.7481	0.4245	—	—
两部制	不满1kV	0.7078			0.1456			—	1.1150	0.7078	0.3685	40.80	25.50
	1~10kV	0.6894			0.1272			—	1.0855	0.6894	0.3593	40.80	25.50
	35kV	0.6578			0.0956			—	1.0350	0.6578	0.3435	40.80	25.50
	110kV	0.6274			0.0652			—	0.9863	0.6274	0.3283	38.40	24.00
	220kV及以上	0.6173			0.0551			—	0.9702	0.6173	0.3232	38.40	24.00
大工业用电 两部制	不满1kV	0.7856			0.2234			—	1.2395	0.7856	0.4074	40.80	25.50
	1~10kV	0.7661			0.2039			—	1.2083	0.7661	0.3976	40.80	25.50
	35kV	0.7169			0.1547			—	1.1295	0.7169	0.3730	40.80	25.50
	110kV	0.6873			0.1251			—	1.0822	0.6873	0.3582	38.40	24.00
	220kV及以上	0.6749			0.1127			—	1.0623	0.6749	0.3520	38.40	24.00

注:1. 上表所列价格包含政府性基金及附加,其中包含国家重大水利工程建设基金0.3915分钱,大中型水库移民后期扶持资金0.62分钱,可再生能源电价附加1.9分钱。

2. 分时电价时段划分及按照分时电价机制相关事项的《关于进一步完善我市分时电价机制有关事项的通知》(沪发改价管〔2022〕50号)文件规定执行:(1)一般工商业单一制及未分时用户执行非分时电度价。

格；一般工商业单一制分时用户：高峰时段（6:00—22:00），低谷时段（22:00 至次日 6:00）；（2）两部制分时用户：夏季 7—9 月：高峰时段（8:00—15:00，18:00—21:00），平时段（6:00—8:00，15:00—18:00，21:00—22:00），低谷时段（22:00 至次日 6:00），其中 7、8 月尖峰时段（12:00—14:00）；其他月份：高峰时段（8:00—11:00，18:00—21:00），平时段（6:00—8:00，11:00—18:00，21:00—22:00），低谷时段（22:00 至次日 6:00），其中 1、12 月尖峰时段（19:00—21:00）；两部制未分时用户按照非分时电度电价标准执行，容（需）量用电价格按照国家规定标准执行。

3. 尖峰电价、高峰电价、低谷电价的上下浮动比率按照沪发改价管〔2022〕50 号文件规定执行。

4. 对于已直接参与市场交易（不含已在电力交易平台注册但未曾参与电力市场交易）在无正当理由情况下改由电网企业代理购电的用户，拥有燃煤发电自备电厂，由电网企业代理购电的用户，暂不能直接参与市场交易由电网企业代理购电的高耗能用户，代理购电价格按上表中的 1.5 倍执行，其他标准及规则同常规用户。

6 月代理购电价格表

名称	序号	明细	计算关系	数值
电量 〔万(kW·h)〕	1	工商业代理购电量	1=2+3	1117800.00
	2	优先发电上网电量	2	803400.00
	3	市场交易采购上网电	3	314400.00
电价 〔元/(kW·h)〕	4	工商代理购电价格	4=5+6	0.4558
	5	当月平均上网电价	5	0.4714
	6	历史偏差电费折价	6	−0.0156
	7	上网环节线损电价	7	0.0194
	8	系统运行费用折价	8=9+10+11+12+13+14	0.0579
	9	电价交叉补贴新增损益度电折价	9	0.0047
	10	辅助服务费用度电折价	10	0.00
	11	抽水蓄能容量电费度电折价	11	0.00987
	12	天然气发电容量度电水平	12	0.0289
	13	上网环节线损代理采购损益度电折价	13	0.00
	14	电力保障综合费用度电水平 (疏导 2022 年省间高价购电资金)	14	0.0144

注:按照国家有关文件规定,市场化交易用户需分摊上网环节线损电价和系统运行费用折价,市场化用户偏差
　电费折价 0.0232 元/(kW·h)。

8. 重庆

代理购电工商业用户电价表

（执行时间:2023年6月1日—2023年6月30日）

用电分类	电压等级	电量用电价格 [元/(kW·h)]	代理购电价格	新增损益合度电价格	上网环节线损费用	电量输配电价	系统运行费用	政府性基金及附加	尖峰时段	高峰时段	平时段	低合时段	需量电价 [元/(kW·月)]	容量电价 [元/(kVA·月)]
公式	—	1=2+4+5+6+7		3	4	5	6	7	8=(2-3+5)·(1+92%)+3+4+6+7	9=(2-3+5)·(1+60%)+3+4+6+7	10=1	11=(2-3+5)·(1+62%)+3+4+6+7	12	13
单一制工商业用电	不满1kV	0.657800	0.440677	-0.006289	0.019758		0	0.047694					—	—
	1~10kV	0.720229				0.2121			—	1.115669	0.720229	0.311608	—	—
	35kV	0.700329				0.1922			—	1.083829	0.700329	0.304046	—	—
	110kV及以上	0.685529				0.1774			—	1.060149	0.685529	0.298422	—	—
两部制工商业用电	1~10kV	0.661029				0.1529			—	1.020949	0.661029	0.289112	35.2	22.0
	35kV	0.635229				0.1271			—	0.979669	0.635229	0.279308	35.2	22.0
	110kV	0.615929				0.1078			—	0.948789	0.615929	0.271974	32.0	20.0
	220kV及以上	0.596629				0.0885			—	0.917999	0.596629	0.264640	32.0	20.0

注:1. 上表所列价格包含政府性基金及附加,其中,农网还贷资金1.9分钱,重大水利工程建设基金0.196875分钱,大中型水库移民后期扶持基金0.6225分钱,地方水库移民后期扶持基金0.05分钱,可再生能源电价附加1.9分钱,抗灾救灾用电和氢、磷、铜复合肥企业生产用电按表列分类电价执行。

2. 分时电价浮动比例:高峰上浮60%,低谷下浮62%,尖峰在高峰基础上上浮20%。时段划分:高峰时段8:00~11:00,17:00~20:00,22:00~24:00;其中,夏季7、8月以及冬季12月至次年1月的12:00~14:00为尖峰时段;平时段11:00~17:00,20:00~22:00;低谷时段00:00~8:00。

3. 对于已直接参与市场交易(不含已在注册平台未曾参与电力市场交易)或在正当适当条件下改由电网企业代理购电的用户,拥有燃煤发电自备电厂、由电网企业代理购电的高耗能用户,代理购电价格按上表中的1.5倍执行,其他标准及规则则按常规用户。

6月代理购电价格表

名称	序号	明细	计算关系	数值
电量 [万(kW·h)]	1	工商业代理购电量	1＝2+3	250000
	2	优先发电上网电量	2	83228.89
	3	市场交易采购上网电	3	166771.11
电价 [元／(kW·h)]	4	工商业代理购电价格	4	0.440677
	5	平均上网电价	4＝5	0.438836
	6	新增损益折合度电水平	6	−0.006289
	7	历史偏差电费折价	7	0.001841
	8	上网环节线损费用	8	0.019758
	9	系统运行费用折合度电水平	9＝10+11	0
	10	辅助服务费用度电水平	10	0
	11	抽水蓄能容量电费度电水平	11	0

注:直接参与市场交易的用户,按照与电网企业代理购电用户相同的标准分摊或分享为保障居民农业等用电价格稳定的新增损益折合度电水平、系统运行费用,在结算环节随输配电价收取。

9. 南京

代理购电工商业用户电价表

(执行时间:2023年6月1日—2023年6月30日)

用电分类		电压等级	电量用电价格[元/(kW·h)]	其中: 上网电价	上网环节线损费用	电量输配电价	系统运行费用	政府性基金及附加	分时电量电价[元/(kW·h)] 高峰时段	平时段	低谷时段	容(需)量电价 需量电价[元/(kW·月)]	容量电价[元/(kVA·月)]
工商业用电	两部制	1~10(20)kV	0.6469	0.4378	0.0149	0.1357	0.0291	0.0294	1.1124	0.6469	0.2707	51.2	32
		35kV	0.6219			0.1107			1.0694	0.6219	0.2603	48	30
		110kV	0.5969			0.0857			1.0261	0.5969	0.2498	44.8	28
		220kV及以上	0.5709			0.0597			0.9817	0.5709	0.2389	41.6	26
	单一制	不满1kV	0.7506			0.2394			1.2549	0.7506	0.3391	—	—
		1~10(20)kV	0.7246			0.2134			1.2115	0.7246	0.3274	—	—
		35kV	0.6996			0.1884			1.1697	0.6996	0.3161	—	—

注:1. 电网企业代理购电工商业用户电价由代理购电价格、上网环节线损费用、系统运行费用、输配电价、政府性基金及附加构成。其中代理购电价格根据当月预测购电成本等测算所得(详见附表1);输配电价由上表所列的电度输配电价、容(需)量电价及附加组成,按照《省发展改革委转发〈国家发展改革委关于第三监管周期省级电网输配电价及有关事项的通知〉的通知》(苏发改价格发[2023]552号)文件执行;政府性基金及附加包含重大水利工程建设基金0.42分钱,大中型水库移民后期扶持资金0.62分钱,可再生能源电价附加1.9分钱。

2. 上表所列电度用电价格由代理购电价格、上网环节线损费用、电量输配电价、电度输配电价、系统运行费用、政府性基金及附加价格组成。

3. 根据苏发改价格发[2023]552号文件要求,继续对100kVA及以上的工商业用户执行分时电价。浮动比例:执行两部制的工商业用户高峰电价上浮71.96%,低谷电价下降58.15%;执行单一制的工商业用户高峰电价为平段电价下浮67.19%,低谷电价上浮54.82%。执行分时电价的工商业用户峰谷分时电价按分时电价浮动比例及峰谷时段分别执行,并以原户电价为基础进行上下浮动。工商业用户中除工业用户以外的热电锅炉(蓄冰制冷)用电两班制电价,平期电价不浮动,低谷电价(0:00—8:00)在无正当理由情况下改由电网企业代理购电的用户,拥有燃煤发电自备电厂、由电网企业代理购电的用户执行同常用户。时段划分:高峰时段8:00—11:00、17:00—22:00,平时段11:00—17:00、22:00—24:00,低谷时段0:00—8:00。

4. 对于已直接参与市场交易(不含已在注册由本省参与电力市场交易)由电网企业代理购电的高耗能用户,代理购电价格按上表中的1.5倍执行,其他标准及规则及常用同。

6 月代理购电价格表

名称	序号	明细	计算关系	数值
电量 ［万(kW·h)］	1	工商业代理购电量	1＝2+3	83.10
	2	优先发电上网电量	2	83.10
	3	市场交易采购上网电	3	0.00
电价 ［元／(kW·h)］	4	工商业代理购电价格	4	0.4378
	5	代理购电平均购电价格	5	0.4533
	6	偏差电费折价	6	−0.0155
	7	上网环节线损费用折价	7＝5×线损率/ （1-线损率）	0.0149
	8	系统运行费用折价	8＝9+10+11+12	0.0291
	9	辅助服务费用折价	9	0
	10	抽水蓄能容量电费折价	10	0.0039
	11	天然气发电容量电费(含气电联动)分摊标准	11	0.0230
	12	电价交叉补贴新增损益折价	12	0.0022

10. 广州

代理购电工商业用户电价表

(执行时间:2023年6月1日—2023年6月30日)

用电分类		电压等级	不执行分时电价用户电量电价						分时电量电价[元/(kW·h)]				容(需)量电价	
			代理购电价格	上网环节线损费用	电量输配电价	系统运行费用	政府性基金及附加	电量电价合计	尖峰时段	高峰时段	平时段	低谷时段	需量电价[元/(kW·月)]	容量电价[元/(kVA·月)]
工商业用电	单一制	不满1 kV	5.01	1.55	22.40	0.65	2.766875	82.376875	171.956875	138.116875	82.376875	33.016875	—	—
		1~10(20) kV			19.94			79.916875	166.736875	133.936875	79.916875	32.086875	—	—
		35 kV			15.71			75.686875	157.746875	126.746875	75.686875	30.476875	—	—
	两部制	1~10(20) kV			12.60			72.576875	151.136875	121.456875	72.576875	29.296875	36.1	22.6
		35~110 kV			10.09			70.066875	145.796875	117.186875	70.066875	28.336875	31	19.4
		220 kV 及以上			7.32			67.296875	139.906875	112.476875	67.296875	27.286875	26.1	16.3

注:1. 本表适用于由电网企业代理购电的工商业用户,适用范围为广州、珠海、佛山、中山、东莞五市。

2. 电网企业代理购电用户电价由代理购电价格、上网环节线损费用、输配电价、系统运行费用、政府性基金及附加组成。其中代理购电价格根据当月预测购电成本等测算所得;输配电价按照《广东省发展改革委转发国家发展改革委关于第三监管周期省级电网输配电价及有关事项的通知》(粤发改价〔2023〕148号文件执行),由电量电价和容(需)量电价构成;政府性基金及附加包含国家重大水利工程建设基金0.196875分/(kW·h),可再生能源附加1.9分/(kW·h)。

3. 原包含在输配电价内的上网环节线损费用在输配电价外单列,上网环节线损费用按实际采购电量计算的广东电网综合线损率3.31%计算。

4. 原通过代理购电价格由全体工商业用户共同分摊的抽水蓄能等费用在系统运行费用中单列。系统运行费用包括抽水蓄能等费用和辅助服务费用。广东(含深圳)第三监管周期各年度抽水蓄能容量电费均为39.2亿元(含税),每月分摊定额度年度容量电费除以12确定,由广东(含深圳)第三监管周期同期各年度工商业用户共同承担。

5. 峰谷分时电价按《关于进一步完善我省分时电价政策有关问题的通知》(粤发改价〔2021〕331号)文执行,以代理购电用户(含代理购电价格、上网环节线损费用、输配电价、系统运行费用,不含政府性基金及附加)为基础电价(平段电价),按规定的实施范围、峰谷比价执行。其中,峰谷分时电价的统一时段划分,高峰时段为10:00—12:00、14:00—19:00;低谷时段为0:00—8:00;其余时段为平段,峰谷比价为1.7:1:0.38。尖峰电价在高峰电价时段执行时间为7、8月和9月三个整月,以及其他月份中广州市最高气温达到35℃及以上的高温天,执行时段为每天11:00—12:00、15:00—17:00共3小时;尖峰电价在高峰电价时段的基础上上浮25%。具体电价水平以分/(kW·h)为单位四舍五入到小数点后四位。

6. 对于已直接参与市场交易(不含在电力交易平台注册且参与市场交易)但未参与电力市场交易的用户,在无正当理由情况下改由电网企业代理购电的用户,拥有燃煤自备电厂、由电网企业代理发电自发自用电户,代理购电价格按上表中的1.5倍执行,其他标准及规则同常规用户。关于广东"正当理由"的具体情形以及高耗能用户,其他具体情况按照国家和省明确具体政策等问题,待国家和省明确具体政策后按相关规定执行。

6 月代理购电价格表

名称	序号	明细	计算关系	数值
电量 [万(kW·h)]	1	工商业代理购电量	1＝2+3	241
	2	优先发电上网电量	2	151
	3	市场交易采购上网电	3	90
电价 [元/(kW·h)]	4	工商代理购电价格	4＝5+6+7	55.01
	5	平均上网电价	5	51.43
	6	辅助服务费用折合度电水平	6	0.00
	7	保障居民农业用电价格稳定的新增损益折合度电水平	7	3.58

11.深圳

代理购电工商业用户电价表

（执行时间：2023 年 6 月 1 日—2023 年 6 月 30 日）

用电分类	电压等级	电量用电价格[元/(kW·h)]	其中：上网电价	上网环节线损费用	电量输配电价	系统运行费用	政府性基金及附加	分时电量电价[元/(kW·h)] 尖峰时段	高峰时段	平时段	低谷时段	容（需）量电价 需量电价[元/(kW·月)]	容量电价[元/(kVA·月)]
工商业用电 单一制	不满 1 kV	0.769727	0.420745	0.026553	0.2828	0.014804	0.024825	—	1.134776	0.769727	0.404678	—	—
	1～10（20）kV	0.759527			0.2726			—	1.119476	0.759527	0.399578	—	—
	35 kV	0.748427			0.2615			—	1.102826	0.748427	0.394028	—	—
	110（66）kV	0.727927			0.2410			—	1.072076	0.727927	0.383778	—	—
	220 kV 及以上	0.727927			0.2410			—	1.072076	0.727927	0.383778	—	—
两部制	1～10（20）kV	0.622727			0.1358			—	0.914276	0.622727	0.331178	36.8	23
	35 kV	0.601327			0.1144			—	0.882176	0.601327	0.320478	36.8	23
	110（66）kV	0.588527			0.1016			—	0.862976	0.588527	0.314078	35.2	22
	220 kV 及以上	0.562227			0.0753			—	0.823526	0.562227	0.300928	35.2	22

注：1. 所列政府性基金及附加，其中，重大水利工程建设基金 0.1125 分钱，大中型水库移民后期扶持资金 0.44 分钱，可再生能源电价附加 1.9 分钱，地方小型水库移民扶助基金 0.03 分钱。

2. 电量电价、上网环节线损费用、电量输配电价执行峰谷分时电价政策。系统运行费用、政府性基金及附加不参与峰谷分时电价计算。高峰时段上浮 50%，低谷下降 50%。时段划分：高峰时段 6：00～7：00，9：00～11：30，15：30～20：00；低谷时段 22：30～5：30；其余为平时段。其中，7 月至 9 月，11 月至次年 1 月高峰时段中 16：30～18：30 为尖峰时段。

3. 对于已直接参与市场交易在无正常理由下政由电网企业代理购电的用户，拥有燃煤发电自备电厂、由电网企业代理购电的用户，暂不参与市场交易与市场交易由电网企业代理购电的高耗能用户，其上网电价按上表中上网电价的 1.5 倍执行，其他标准及规则同常规用户。

6 月代理购电价格表

名称	序号	明细	计算关系	数值
电量 [万(kW·h)]	1	工商业代理购电量	1＝2+3	179200
	2	优先发电上网电量	2	0
	3	市场交易采购上网电	3	179200
电价 [元/(kW·h)]	4	上网电价	4	0.420745
	5	当月上网电价	4＝5	0.420745
	6	上网环节线损费用	6＝购线损电量上网电价×线损率/ （1－线损率）	0.026553
	7	系统运行费用	7	0.014804

12. 昆明

代理购电工商业用户电价表

(执行时间:2023年6月1日—2023年6月30日)

用电分类		电压等级	电量用电价格[元/(kW·h)]	其中:					分时电量电价[元/(kW·h)]				容(需)量电价	
				上网电价	上网环节线损费用	电量输配电价	系统运行费用	政府性基金及附加	尖峰时段	高峰时段	平时段	低谷时段	需量电价[元/(kW·月)]	容量电价[元/(kVA·月)]
工商业用电	单一制	不满1 kV	0.769727	0.420745	0.026553	0.2828	0.014804	0.024825	—	1.134776	0.769727	0.404678	—	—
		1~10(20)kV	0.759527			0.2726			—	1.119476	0.759527	0.399578	—	—
		35 kV	0.748427			0.2615			—	1.102826	0.748427	0.394028	—	—
		110(66)kV	0.727927			0.2410			—	1.072076	0.727927	0.383778	—	—
		220 kV及以上	0.727927			0.2410			—	1.072076	0.727927	0.383778	—	—
	两部制	1~10(20)kV	0.622727			0.1358			—	0.914276	0.622727	0.331178	36.8	23
		35 kV	0.601327			0.1144			—	0.882176	0.601327	0.320478	36.8	23
		110(66)kV	0.588527			0.1016			—	0.862976	0.588527	0.314078	35.2	22
		220 kV及以上	0.562227			0.0753			—	0.823526	0.562227	0.300928	35.2	22

注:1.所列政府性基金及附加,其中,上网环节线损费用,电量输配电价执行峰谷分时价政策。系统运行费用、政府性基金及附加不参与峰谷分时电价计算。高峰上浮50%,低谷下浮50%。时段划分:高峰时段6:00—7:00,9:00—11:30,15:30—20:00;低谷时段22:30—5:30;其余为平时段。其中,7月至9月、11月至次年1月高峰时段中16:30—18:30为尖峰时段。

分时电量电价[元/(kW·h)]包括:上网电价、上网环节线损费用、电量输配电价、系统运行费用、政府性基金及附加。其中基金及附加:重大水利工程建设基金0.1125分钱,大中型水库移民后期扶持资金0.44分钱,地方小型水库移民扶助基金0.03分钱,可再生能源电价附加1.9分钱。

2.对于已直接参与市场交易及在无正当理由情况下改由电网企业代理购电的用户,由电网企业代理购电的用户,暂不能直接参与市场交易由电网企业代理购电的用户,湘有燃煤发电自备电厂、电的高耗能用户,其上网电价按上表中上网电价的1.5倍执行,其他标准规则同常规用户。

6 月代理购电价格表

名称	序号	明细	计算关系	数值
电量 [万(kW·h)]	1	工商业代理购电量	1＝2＋3	179200
	2	优先发电上网电量	2	0
	3	市场交易采购上网电	3	179200
电价 [元/(kW·h)]	4	上网电价	4	0.420745
	5	当月上网电价	4＝5	0.420745
	6	上网环节线损费用	6＝购线损电量上网电价× 线损率/(1-线损率)	0.026553
	7	系统运行费用	7	0.014804